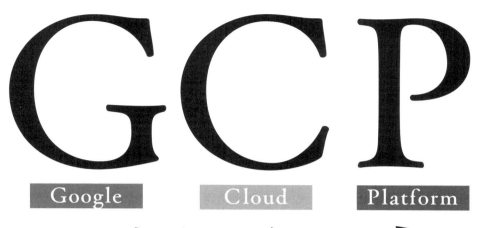

GCP
Google　　Cloud　　Platform
の教科書

クラウドエース株式会社
吉積礼敏・他 著

リックテレコム

本書のフォローアップサイトについて

本書の記載内容は2018年9月時点の情報を元にしています。Google Cloud Platform (GCP) の内容は年々アップデートされます。本書の内容の補足やアップデート情報につきましては下記のサイトをご参照ください。

http://www.ric.co.jp/book/contents/pdfs/1195_support.pdf

注意

1. 本書は、著者が独自に調査した結果を出版したものです。
2. 本書は万全を期して作成しましたが、万一ご不審な点や誤り、記載漏れ等お気づきの点がありましたら、出版元まで書面にてご連絡ください。
3. 本書の記載内容を運用した結果およびその影響については、上記にかかわらず本書の著者、発行人、発行所、その他関係者のいずれも一切の責任を負いませんので、あらかじめご了承ください。
4. 本書の記載内容は、執筆時点である2018年9月現在において知りうる範囲の情報です。本書に記載されたURLやソフトウェアの内容、インターネットサイトの画面表示内容などは、将来予告なしに変更される場合があります。
5. 本書に掲載されているサンプルプログラムや画面イメージ等は、特定の環境と環境設定において再現される一例です。
6. 本書に掲載されているプログラムコード、図画、写真画像等は著作物であり、これらの作品のうち著作者が明記されているものの著作権は、各々の著作者に帰属します。

商標の扱いについて

1. 本書に記載されているGoogleの商標、ロゴ、ウェブページ、スクリーンショット、またはその他の識別表示（「Googleブランド」という）は、Google Inc.の商標またはブランドを識別する表示です。
2. 本書の各章、各節の冒頭等に掲載されている「 」は、Googleが提供するGoogle Cloud Platformのアーキテクチャ図を構築するための公式アイコンの一例であり、Googleブランドに帰属します。
3. 上記のほか、本書に記載されている製品名、サービス名、会社名、団体名、およびそれらのロゴマークは、一般に各社または各団体の商標、登録商標または商品名である場合があります。
4. 本書では原則として、本文中において™マーク、®マーク等の表示を省略させていただきました。
5. 本書の本文中では日本法人の会社名を表記する際に、原則として「株式会社」等を省略した略称を記載しています。また、海外法人の会社名を表記する際には、原則として「Inc.」「Co.,Ltd.」等を省略した略称を記載しています。

はじめに

　本書を手に取っていただき、ありがとうございます。本書は自他共に認めるGoogle Cloud Platform（以下、GCP）マニアである筆者が、GCPをぜひ皆さんに使っていただきたいと考えて執筆したものです。GCPでは2016年11月に日本リージョンが開設されており、2017年以降は日本におけるGCPの新たな飛躍の年として位置づけられることでしょう。

　現在では、「クラウドファースト」という言葉が先進的に捉えられた時代はもう終わりに近づき、「クラウドネイティブ」が当たり前になってくる時代になりつつあります。すでにネットサービスやスタートアップ企業においては、オンプレでサーバーを構築することなどはほとんどない状態です。これからの時代、Googleに限らず何らかのクラウドサービスを利用することは必須となっており、技術者のみならず経営者までもこれを理解し、クラウドを前提とした柔軟かつ迅速な経営判断が求められる時代になってきています。

　この「クラウドネイティブ」時代にクラウドインフラを提供する会社は、将来的には世界で限られた数社になってくるであろうと予想されます。その筆頭候補として挙げられるのが、皆さんがご存知のGoogle、Amazon、Microsoftの3社になると言われています。どこか一社が飛び抜けてということはなく、おそらくこの3社はそれぞれの特徴により棲み分けられ、利用されていくことになるでしょう。そんな中での基本的な戦略としては、どこか一社に絞るその前に、クラウドサービスの初期費用が不要な特徴を活かし、まずはある程度各サービスに触れてみて特徴を把握することが肝要かと筆者は考えます。その上で特定の一社に絞って（ぜひGoogleを）利用するもよし、各社をうまく並行して使いこなすもよし、それぞれの方向性で利用していくのがよいと思います。

　本書では、GCPの機能・操作法や他のクラウドとの比較など、ひととおり解説してありますので、本書でGCPの基本・特徴については理解できる内容になるよう努めております。ぜひGCPを理解し、触ってみて、今後のクラウドネイティブ時代を生きる一助としていただければ幸甚です。

2019年3月吉日
クラウドエース株式会社
取締役会長　吉積 礼敏

本書の想定読者

本書は、「GCPを使ってみたいけど使い方がよく分からない」方から、「ある程度使っているけれども使いこなせてはないかも？」というクラウドに関して初級から中級の技術者の方を対象にしています。GCPに触れたことのない方には、まずは触ってみて体感すること、次に基礎的なことを押さえて効果的によりたくさんのプロダクトを活用できるようになること、の一助になればと考えています。なお、TCP/IPやOSなどのインフラの基本的な内容については割愛しておりますので、システムに関する最低限の技術的な知識は各種専門書籍等をご参照ください。

Googleについて

本書を手に取った方に、今さら「Googleとはどのような企業か」について説明するまでもないと思いますが、超巨大企業として様々な顔を持つ会社ですので、むしろその捉え方は人によって異なる場合も出てくるかもしれません。本書では、原則としてGCPを提供している会社としてGoogleを扱っていきますが、そのための共有を前提とするため、一応この会社のプロフィールを簡単にご紹介しておきます。

Google（グーグル）はAlphabet（アルファベット）に2015年8月に名称変更された持ち株会社の最大の子会社で、「世界中の情報を整理し、世界中の人々がアクセスできて使えるようにすること」を目標に1998年に設立された会社です。検索エンジンのシェアをベースに、広告を出すことで収益の大部分を上げていますが、GmailやYouTubeなど大量のコンピューティングリソースを必要とするインターネットサービスを多数提供しています。

Googleはその目標どおりに情報処理に非常に力を入れており、大量のコンピューティングリソースへの投資を行っています。データセンターやハードウェア、ネットワークまで自前で構築してしまうというのが特徴で、自作の特殊な構造のサーバーを利用しています。またその規模は、サーバーの製造販売業者ではないにもかかわらず、自社で利用するサーバーの費用だけで世界のサーバー製造販売業者と肩を並べるほどの規模になっていると言われています。

さらに近年では、AlphaGoという名称のコンピューターが、機械学習の分野でも大量のデータによる学習や機械同士の対戦による学習でどんどん強くなり、囲碁の世界チャンピオンに勝つなど、機械学習・AIの領域などでも目覚ましい躍進を遂げています。

なお、GCPは、様々な分野のサービスを取り込みながら拡大・拡張・改善を常に繰り返しているサービスです。本書執筆後にもどんどん更新が入ることも予想されますので、最新情報についてはできる限りGoogleの公式文書を参照するように努めてください。

目次

はじめに iii
本書の想定読者 iv
Google について iv

第1章　Google Cloud Platform とは？　　　　　　　　　　　　　　　　　　1

1.1　Google が提供するクラウド基盤 2
1.2　Google Cloud Platform 概要 3
　　　Column ▶ 数台のサーバー故障なら放っておいても大丈夫！？ 4
1.3　GCP の歴史 5
1.4　Why Google ？ 8
1.5　GCP の使いどころ 9
　　1.5.1　ビッグデータ 9
　　1.5.2　機械学習 10
　　1.5.3　キャンペーンなどのスパイク 11
　　1.5.4　運用保守担当者不在 12
　　1.5.5　グローバル展開 12

第2章　GCP の基本を知ろう　　　　　　　　　　　　　　　　　　　　　　15

2.1　GCP の基本概念 17
2.2　リージョン、ゾーン 19
　　2.2.1　リージョン、ゾーンの選び方 20
2.3　無料トライアルの登録とプロジェクトの作成 21
　　2.3.1　管理コンソールへのアクセス 21
　　2.3.2　無料トライアルの登録 22
　　2.3.3　プロジェクトの作成 23

2.4 管理コンソールの基礎 27
2.4.1 基本的な操作方法 27
2.4.2 基本メニューの説明 27
2.5 GCPのコンポーネント一覧 33
Column ▶ サービスのリリース段階 37
2.6 SDK コマンドライン基礎 38
2.6.1 SDK コンポーネント群一覧 38
2.6.2 SDK コマンドの基本 40
2.7 Cloud IAM 45
2.7.1 Cloud IAMの概要 45
2.7.2 Cloud IAMの特徴 45
2.7.3 Cloud IAMの基本概念 46
2.7.4 Cloud IAMの基本操作 49
2.8 課金について 53
2.8.1 基本的な考え方 53
2.8.2 課金の種類 53
2.8.3 GCEマシンタイプの課金時間は1秒単位（最小1分）... 54
2.8.4 継続利用による割引 54
2.8.5 トラフィック料金 54
2.8.6 GCP利用料計算ツール 55
2.8.7 例を使ったGCP利用料の試算 55
2.9 セキュリティ 58
2.9.1 SSAE16 ／ ISAE 3402 Type Ⅱ 58
2.9.2 SOC 2 ／ SOC 3 58
2.9.3 ISO 27001 59
2.9.4 FISMA Moderate 59
2.9.5 PCI DSS v3.0 59
2.9.6 HIPAA 60
2.10 参考資料 61

第3章　GCPの基本サービスを学ぼう　　　　　　　　　　　　　　　　　　　63

3.1 Google Compute Engine（GCE）.. 64
3.1.1 概要 64
3.1.2 GCEの仕組み 67
3.1.3 基本的な操作 74
3.2 Google Cloud Storage（GCS）... 96
3.2.1 GCSの機能 96

- 3.2.2 課金体系 ... 100
- 3.2.3 アクセス制御 ... 102

3.3 Google App Engine（GAE） ... 108
- 3.3.1 Google App Engine Standard Environment（GAE SE） ... 108

3.4 BigQuery ... 120
- 3.4.1 概要 ... 120
- 3.4.2 BigQueryの特徴 ... 122
- 3.4.3 BigQueryの料金体系 ... 122
- 3.4.4 様々なデータ取り込み方法 ... 123
- 3.4.5 課金についての注意事項 ... 123
- 3.4.6 基本概念 ... 125
- 3.4.7 BigQueryのアクセス制御 ... 126
- 3.4.8 始め方 ... 129
- 3.4.9 基本的な操作 ... 131

3.5 Google Cloud SQL ... 139
- 3.5.1 概要 ... 139
- 3.5.2 始め方 ... 144
- 3.5.3 一般的な注意事項 ... 151

第4章 高度なサービスを知ろう（その1） 153

4.1 Kubernetes Engine（GKE） ... 154
- Column ▶ Docker とコンテナ ... 155
- 4.1.1 Kubernetes Engineの特徴 ... 155
- 4.1.2 Kubernetes Engineを始めてみよう ... 157
- 4.1.3 Kubernetes Engineのクラスタサイズを変更・修正する ... 160

4.2 ネットワーキング ... 162
- 4.2.1 VPCネットワーク ... 162
- 4.2.2 外部IPアドレス ... 170
- 4.2.3 ネットワークサービス ... 172
- 4.2.4 ハイブリッド接続 ... 172
- 4.2.5 Network Service Tiers ... 173
- 4.2.6 ネットワークセキュリティ ... 173

4.3 Bigtable ... 174
- 4.3.1 Bigtableの特徴 ... 174
- 4.3.2 アクセス権の制御 ... 175
- 4.3.3 最適な用途 ... 175
- 4.3.4 パフォーマンスについての注意点 ... 176
- 4.3.5 Bigtableの始め方 ... 178
- 4.3.6 Bigtableのまとめ ... 184

4.4 Datastore ... 186
- 4.4.1 データ構成 ... 186
- 4.4.2 登録と更新 ... 187
- 4.4.3 整合性 (Consistency) ... 188
- 4.4.4 インデックス ... 188
- 4.4.5 データ取得 ... 189
- 4.4.6 トランザクション ... 190
- 4.4.7 管理ツール ... 190

4.5 Stackdriver モニタリング ... 191
- 4.5.1 Stackdriverとは ... 191
- 4.5.2 Stackdriverを使ってみよう ... 192
- 4.5.3 Stackdriver アカウントの作成 ... 192
- 4.5.4 インスタンスにStackdriverエージェントをインストール ... 195
- 4.5.5 Webサイト (nginx) のHTTP監視設定 (Uptime Check) ... 196
- 4.5.6 Webサイト (nginx) を停止し、アラート通報をメールで受信 ... 202
- 4.5.7 ダッシュボードの表示 ... 205

4.6 Stackdriver ロギング ... 208
- 4.6.1 Stackdriver Logging (google-fluentd) のインストール ... 208
- 4.6.2 ログの確認と検索 ... 209
- 4.6.3 ログをBigQueryへエクスポート ... 210

第5章 高度なサービスを知ろう (その2) ... 213

5.1 Deployment Manager ... 214

5.2 Cloud Pub/Sub ... 221
- 5.2.1 パブリッシャーとサブスクライバーについて ... 222
- 5.2.2 Cloud Pub/Subを使ってみよう ... 224
- 5.2.3 Cloud Pub/Subの活用イメージ ... 226

5.3 Cloud Dataflow ... 228
- 5.3.1 Apache Beam ... 228
- 5.3.2 データ処理パイプライン ... 229
- 5.3.3 Cloud Dataflowの特徴 ... 230

5.4 Dataproc ... 232

5.5 Cloud Launcher ... 236

5.6 Cloud Functions ... 240
- 5.6.1 イベント駆動のサーバーレスアプリケーション実行基盤 ... 240
- 5.6.2 トリガーによる動作の開始 ... 240
- 5.6.3 Functions (関数) の作成 ... 240
- 5.6.4 チュートリアル ... 244

5.7 その他のサービス 245
    5.7.1 Spanner 245
    5.7.2 Endpoints 246
    5.7.3 Genomics 248
    5.7.4 IoT Core 249
    5.7.5 Dataprep 252
    5.7.6 Datalab 253

第6章 機械学習 　　　　　　　　　　　　　　　　　　　　　　　　　　257

6.1 機械学習の基本 258
    6.1.1 機械学習の一般的な知識 258
    6.1.2 GCPにおける機械学習への取り組み 258

6.2 TensorFlow 259
    6.2.1 TensorFlowのAPI階層について 259

6.3 Cloud Machine Learning Engine 260
    6.3.1 Cloud Machine Learning Engineとは 260
    6.3.2 トレーニングのための準備 260
    6.3.3 ローカルトレーニングの実行 261
    Column ▶ TensorBoardによる学習状況の可視化 263
    6.3.4 Cloud Machine Learning Engineを使用したトレーニング 264
    6.3.5 トレーニングモデルをデプロイして予測に使用する 266
    6.3.6 複雑なモデルのトレーニングをGPUで高速化する 268
    6.3.7 料金について 272

第7章 GCPで使えるAPIの紹介 　　　　　　　　　　　　　　　　　　275

7.1 APIs Explorerで簡単にトライ 276

7.2 Vision APIを使ってみる 278
    7.2.1 Vision APIとは 278
    7.2.2 APIs ExplorerからVision APIを使う 279
    7.2.3 ラベル処理以外の機能 285
    7.2.4 Vision APIまとめ 286

7.3 Translate APIを使ってみる 287
    7.3.1 Translate APIとは 287
    7.3.2 APIリクエストパラメータ 289
    7.3.3 APIs ExplorerからTranslate APIを使う 290
    7.3.4 Translate APIまとめ 291
    Column ▶ 自動翻訳はどんどん進化する！ 292

7.4 Speech APIを使ってみる ... 293
- **7.4.1** Speech APIとは ... 293
- **7.4.2** リクエストの種類 ... 294
- **7.4.3** APIリファレンス ... 295
- **7.4.4** APIs ExplorerからSpeech APIを使う ... 297
- **7.4.5** Speech APIまとめ ... 300
- Column ▶ 加速するSpeech API ... 300

7.5 Video Intelligence APIを使ってみる ... 301
- **7.5.1** Video Intelligence APIとは ... 301
- **7.5.2** APIリファレンス ... 302
- **7.5.3** APIs ExplorerからVideo Intelligence APIを使う ... 303
- **7.5.4** Video Intelligence APIまとめ ... 306

第8章　AWSユーザーへ　307

8.1 AWS／GCPのサービス対応と比較 ... 308
- **8.1.1** AWS／GCPのサービス対応表 ... 308
- **8.1.2** 両社のIaaSサービスの概要比較 ... 317

8.2 AWS／GCPの違い ... 319

8.3 AWSからインスタンスの移行 ... 321
- **8.3.1** VM-Migration Serviceとは ... 321
- **8.3.2** GCPの管理コンソールでCredentialを設定 ... 322
- **8.3.3** EC2インスタンスにAgentをインストール ... 325
- **8.3.4** GCEインスタンスを選択してインスタンスを起動 ... 326

8.4 Amazon S3からの引越し ... 330

第9章　GCPのまとめと今後の展望　333

9.1 GCPのよい点・悪い点 ... 334
- Column ▶ 1秒単位の課金に！ ... 334

9.2 今後の展開 ... 337
- Column ▶ これからGCPの勉強をする方へ ... 339

索引 ... 342

第1章

Google Cloud Platform とは?

ようこそGoogle Cloud Platform(GCP)の世界へ!
　第1章では、その概要と歴史、そして使いどころなどをまずはオーバービューしたいと思います。

1.1 Googleが提供するクラウド基盤

　Google Cloud Platform（GCP：グーグルクラウドプラットフォーム）とは、その名のとおりGoogleが提供するクラウドのプラットフォームです。具体的にGCP自体が何か特定の機能を提供するものを指すかというとそうではなく、Googleが提供している各種クラウドサービスを取りまとめた概念になります。例えばIaaSを提供するサービスにはGoogle Compute Engineというものがありますが、これはGCPの中のサービスの1つという位置づけです。「GCPにサインアップすると各種サービスが利用できるようになる」、というサービスの基盤を表現するレベルの言葉になります。

　教科書的に用語としての定義から説明を始めましたが、簡単に言うと、Googleが一般向けにサービスをしているGmailやYouTube、AdWords、検索、マップなどのクラウドサービスのバックエンドで使われているクラウド基盤を外部に利用できるよう公開したものです。当初は上記サービス群の余剰リソースを提供しているという形態でしたが、2014年からは「GoogleはすべてのサービスをGCP上で動作させている」と言われるようになりました。すなわちGCPは、Googleレベルの拡張性・安定性・堅牢性を一般の人が初期投資なしですぐ（クラウドサービスなので）に使えるようにしたものと言えます。

　Googleのサービスが利用不能になったり、ハッキングでデータが漏洩されたりしたことを経験した人は大変少ない（前者はたいていすぐ直るか、手元側の問題、また後者は聞いたことがない）と思います。これは、Google自体の収益源がクラウド上のサービスに完全に依存しており、仮にそのクラウド基盤に問題があった場合は、あっという間に数億ドル規模の影響が発生しうるビジネスモデルであることに起因していることからも想像できると思います。したがって、Googleはクラウド基盤（≒GCPそのもの）に非常に多くの投資をしています。GCPは、その基盤を非常に安価に利用できるクラウドサービスです。

1.2 Google Cloud Platform 概要

Googleが提供するクラウド基盤であるGCPの特徴とは何でしょうか？
まず、大きく、以下の3点を押さえておきたいと思います。

① 自前構築主義
② 大規模処理に特化
③ Googleでの実績

1点目は、「自前構築主義」についてです。
　Googleでは基本的にネットワークからデータセンター、ネットワーク機器、サーバーまで自前で設計・開発し、導入・運用を行っています。GoogleはYouTubeを流したり、他サービスを提供するための基盤として、ネットワークを自前で世界中に張り巡らせており、世界規模のクローズドネットワークを自社で持っている数少ない事業者になります。このため、Googleの世界中のサーバーをつなぐ速度は非常に高速です。
　また、データセンターも立地から選定し、電気代の安い場所を選んで建築から自社設計で行います。当然、データセンターの中のラックの配置から配管、空調に至るまで、Googleは自社のサービスを自前で提供するためにすべてを自社で設計、構築しています。特にデータセンターは、PUE1.12[注1]という非常によい電力効率を達成しています。サーバーについては前述のとおり、世界有数のハードウェアベンダーとも言えるレベルで部品を調達し、自社で運用しやすいよう設計した独自サーバーを利用しています。
　ラック1つとっても、そもそもGoogleのサーバーしかないデータセンターなので、入り口には何重にもセキュリティがかかっていますが、ラック自体には施錠はされていません。こういった点からしても、Googleのデータセンターは通常のデータセンターを判断する基準では推し量れないことが多いと言えるかもしれません。
　通常は自前主義を取ると高価になりがちですが、そもそもの規模が桁違いに大きいことと、自社サービスの提供に特化する形で安定性・効率性などを突き詰めた結果、GCPは圧倒的に安価なサービスとして提供できるようになったのです。

注1　PUE（Power Usage Effectiveness）：データセンター内のIT機器のエネルギー効率を表す指標として用いられ、以下の式で定義される。
　　　PUE＝データセンター全体の消費電力 / IT機器の消費電力

> **Column ▶ 数台のサーバー故障なら放っておいても大丈夫！？**
>
> Googleのデータセンターでは、1台や2台サーバーが壊れても、その都度直したりはしません。数万台規模でサーバーを運用していると壊れるのは日常茶飯事であり、1台ずつ直していくのは効率が悪いからです。Googleのアーキテクチャでは、数台壊れたとしても全体としては基本的に問題がないため、そのまま放置しても構わないのです。そうしておいて、効率的にある程度の単位で今日はここからここまでを一気に直す、というようにまとめてバルクで故障箇所を修理していくという運用を行っているそうです。このような運用に合わせる形で、データセンター内のラック構成なども設計されています。

2点目は、「大規模処理に特化」についてです。

GCPの各種サービスは、すべて元々はGoogleのサービス提供のために使われていたものです。Googleのサービスは基本的に世界中で利用されることを前提に構築されているため、常に大規模なスケーラビリティが要求されます。フロントエンドの同時利用者数はもちろんですが、バックエンドの処理やログの集積・解析なども数億件〜数十億件の処理が当たり前です。一地域や組織の内部での利用ではなく、常に世界中の人を相手にしたサービスを運用するにあたって必要なインフラとして、Googleが独自に開発・運用してきたものがGCPです。これほどの大規模な処理を必要とする会社は、ほかにそうそうないでしょう。したがって、大規模な利用においても安心して活用できるという点が、GCPの大きな特徴です。

3点目は、「Googleでの実績」についてです。

先ほどから繰り返しになりますが、Googleの大規模サービス（数億人のユーザー）の基盤がGCPですので、すでにのべ数十億人という規模に対してサービス提供された実績があるインフラだということになります。YouTubeは視聴者数、データ量（トラフィック）が世界でも1、2位の動画配信サービスです。

1.3 GCPの歴史

改めてGCPの歴史を簡単に振り返ってみましょう。

2008年4月～　GAE時代

GCPはさかのぼればGAE[注2]に端を発します。2008年4月にPythonのみでプレビュー版が開始され、長らくβ扱いでしたが、2009年2月に正式版として発表、2009年4月にJavaのサポートが発表されました。当時はGCPという用語はなく、GAEこそがGoogleのクラウドでした。当時はAWS[注3]もやっと先進的な人が使い始めたくらいの時期でしたが、そこにPaaS[注4]という形でもう一段移行のハードルの高いサービスだったために広く使われるというまでは行かず、キャンペーンサイトなど大規模スパイク[注5]が予想される分野での活用が多かったようです。筆者個人としては、PaaSの運用フリーな部分に非常に可能性を感じ、GAEでのシステム開発を推進してきたのですが、それは本論から外れるのでまた別の機会にしたいと思います。

2011年10月　Google Cloud SQL／Google Cloud Storage発表

GAEから利用可能なRDBであるGoogle Cloud SQLと、オブジェクトストレージであるGoogle Cloud Storageが正式発表され、GCPの前身が徐々に顔を見せ始めました。この頃はすでにAWSがかなり広まってきている中、次はIaaSがいつ出てくるのだろう？という疑問を皆が持っていた時期でした。

2012年5月　Google BigQueryリリース

そして翌年、Google社内のデータ分析基盤であるBigQueryが正式リリースとなりました。この圧倒的なコストパフォーマンスを誇るデータウェアハウス（DWH）が出てきたことにより、Googleのクラウドも少しずつ認知され始めました。

注2　GAE（Google App Engine）：Googleのインフラの上でアプリケーションを作り、実行できるようにするPaaS。
注3　AWS（Amazon Web Services）：Amazon.comが提供しているクラウドコンピューティングサービス。
注4　PaaS（Platform as a Service）：アプリケーションソフトが稼働するためのハードウェアやOSなどのプラットフォーム一式を、インターネット上のサービスとして提供する形態のこと。
注5　スパイク：スパイクアクセスともいう。特定のサイトに急激に増加して押し寄せてくる多量のアクセスのこと。

2013年5月　GCEのβ版リリース

　GCE[注6]に関しては、あえてβ版のリリースについても明記します。2012年のGoogle I/Oで発表のみあり、一部には利用が始まっていましたが、ついにGoogleファン待望のIaaSであるGCEがβリリースになったのです。これまでCloud StorageやBigQueryなどがあっても、それを操作したりバッチ処理を行ったりするものがなかったため今ひとつ効果的に使えなかったところに、やっとGoogleにもIaaSが出てきました。とは言え、この時点ではまだGCPという名称はなく、G.A.（正式サポートあり）でもないβ扱いでした。

2013年12月　GCPとGCEのG.A.

　ついにこの2013年末に、初めてGoogle Cloud Platformという名称で、これまで出してきていたサービスをひとくくりにする形を取り、さらにGCEもG.A.となりました。この時点では、まだWindowsのサービスはありません。しかし、G.A.になったことで、ビジネスとしても安心して使っていけることになったのです。やっとここに来て、形としてはひととおり準備が整ったということになります。

　実を言うと、GCEのβリリースからここまで時間がかかったのは、GCEのLive Migrationという機能の実装・検証のためだそうです。基本アーキテクチャの部分に関わるため、正式リリース後にはなかなか変更の自由度が少ないものだったのでしょう。

2014年4月　GCPのアジアリージョン発表

　GCPの正式リリースから4ヶ月後、GCPのアジアリージョンが発表になりました。日本からアクセスできるリージョンは、これまではUS（米国）とEU（ヨーロッパ）しかなかったため、日本からではレイテンシの問題（米国往復200ミリ秒程度）でなかなか導入に足が進まなかったユーザーが多い中、20ミリ秒程度のアジアリージョンの発表は非常に大きなものでした。

2016年3月　GCPの東京リージョン発表

　アジアリージョンの発表から約2年、ついに東京リージョンが発表になりました。この2年間、何もニュースがなかったかというとそうではなく、値下げや機能追加はたくさんありましたが、すべて挙げると書ききれなくなりますので、本書ではエポックメイキング的な部分のみを取り上げました。GCP発表以来、AWSに追いつけ追い越せとやってきましたが、どうしても日本では国内のリージョンを求める声が大きかったのは事実です。そこについに東京リージョンの発表がありました。いよいよ本格的なクラウド時代の始まりを感じさせる

注6　GCE（Google Compute Engine）：Googleのデータセンターとファイバーネットワークで運用される仮想マシン、またはこれを提供するサービス。

ニュースでした。
　また、併せて今後10以上のリージョンの開設予定や、ディープラーニングのAPI、セキュリティに関するアップデートなどが発表され、Googleとしてさらなる投資を続けていく姿勢を見せていますので、世界を土俵にしたクラウドの大一番が、これから開幕することが予感されました。

2016年11月　GCPの東京リージョン開設

　発表から8ヶ月、2016年11月8日、待ちに待った東京リージョン（asia-northeast1）が開設されました。実は、この10日ほど前からサイレントリリースが出されており、メニュー上は指定ができるようになっており、コミュニティ内では「これが東京リージョン」だということで盛り上がり、実際に誰もが使える状態でした。これにより、GCPへのレイテンシが5ミリ秒程度の距離になり、レイテンシ問題が解消されました。また、アジアリージョンにはなかったGAEが、東京リージョンに来たことも大きなインパクトでした。

2017年　世界に7箇所のリージョン開設

　2017年はリージョンが多く開設された年でした。開設場所は世界の主要な都市であり、地球全体を覆うように開設されました。7つのリージョンの開設時期は以下となります。

- 2017年5月10日　北バージニア（アメリカ合衆国）
- 2017年6月14日　シンガポール（シンガポール）
- 2017年6月20日　シドニー（オーストラリア）
- 2017年7月13日　ロンドン（イギリス）
- 2017年9月12日　フランクフルト（ドイツ）
- 2017年9月19日　サンパウロ（ブラジル）
- 2017年10月31日　ムンバイ（インド）

2018年3月　大阪リージョンの開設発表

　2019年に大阪のリージョンが開設されることが発表されました。1カ国に2リージョンできるのは、米国に続いて世界2カ国目になるとのことです。日本市場に対してのGoogleの期待の現れではないでしょうか。これにより、日本国内で地理的レベルでの冗長化が取れるようになります。

1.4 Why Google ?

　Google Cloud Platformの概要と歴史について触れてきましたが、ではGCPの何が優れているのでしょうか。

　端的に言うと、それは「Datacenter As A Computer」という基本コンセプトに集約されます。データセンター全体（極端に言うと世界中のGoogleのデータセンターを合わせて）を1つのコンピューターのように扱うことを志向している考え方があるからです。これは、何かの処理やデータの保存をするときにそれが物理的にどこにあるのか、どのくらいの大きさの物理的サーバー上に配置されるのか、などを一切考慮する必要なく、とにかくコンピューターに処理をさせることだけを意識すればよいように扱えるアーキテクチャを目指していることを意味します。

　物理的なサーバーがたくさんあることには意味があり、1台1台は極端に言うと、壊れても全く問題ないようなレベルで汎用化した上で、超高速のネットワークでそれらをつなぎ、コントロールする仕組みを新たに開発しています。それにより、小さなタスクレベルでコンピューティング処理やデータ保存などを多数のサーバーに割り振り、高速に結果を返すというインフラができているのです。その仮想化とタスクコントロールの巧みさから、一説にはGoogleのデータセンターの利用率は9割を超えていると言われています。通常のサーバーは業務システムだと1～2割程度、Webやサービス系のシステムでも5～6割程度である（7割か8割を超えるとスケールアウト[注7]させるのが通常）ことを考えると驚異的な数字です。

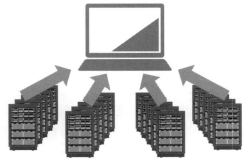

図1.4-1　GCPのイメージ

注7　スケールアウト：システムの処理能力を向上するために、システムの構成要素となっているサーバーの台数を増やすこと。

1.5 GCPの使いどころ

本節では、GCPの得意分野すなわち「使いどころ」について説明します。

他の世界規模の大手クラウドサービス（AWS、Microsoft Azure等）に比べると、GCPは後発のクラウドサービスになります。このため、商用製品のライセンスやサポートの対応には、他のクラウドサービスよりも遅れている部分もあり、商用製品を必要とするシステムには適さない可能性もあります。しかし、この点を除けば、GCPを適用できないケースはほとんどないと言ってもよいでしょう。

一方、GCPが得意とし、最もメリットが大きいのは、やはりGoogleの特徴である非常に規模の大きいデータを扱ったり、グローバルな展開をする場合でしょう。特に以下の分野では、GCPのメリットが大きいと思われます。

① ビッグデータ
② 機械学習
③ キャンペーンなどのスパイク
④ 運用保守担当者が不在
⑤ グローバル展開

それぞれ個別に、なぜGCPが適しているかを解説していきます。

1.5.1 ビッグデータ

まずは、やはり大量のデータを扱うところでの適用です。特にBigQueryは、既存のDWH製品がすべて不要になってしまうくらいの衝撃的な価格と性能です。繰り返しになりますが、Googleが自ら必要としているデータ分析・データ処理の物量に対応したのが、GCPそのものなのです。これは、世界で最もたくさんのデータを処理している基盤と言っても過言ではありません。その基盤をそのまま利用できるので、ビッグデータというキーワードで処理基盤を探すなら、GCPが第一の選択肢になります。

サービスとしてのBigQueryやDataflowは、もちろんそのまま処理基盤として最高のもの

と言えますが、それらを支えている基盤のネットワーク性能や高速なインスタンス[注8]起動、処理性能のぶれが少ないという点も、すべてビッグデータ処理に必要なものです。ビッグデータの処理には複数インスタンスでの並列処理が当然必要になってきますが、それにはネットワーク性能の高さが必須です。筆者の実測では、GCPでは同一リージョン内でのサーバーインスタンス間の帯域は7Gbpsが安定的に出ています（1コアではCPUがボトルネックになります）。また、1000コアのサーバー起動に2分程度しかかからないことからも、必要なときに必要な台数・処理性能を確保することが可能です。また、大規模分散処理を行う際には、遅い処理のところに全体の処理の待ち時間が依ってしまいます。このため、仮に性能にばらつきがある場合は、その遅い性能に依存して全体が遅くなってしまうため、ばらつきが少ないことはGoogleとして必要だったのです。したがって、GCPではインスタンス間に処理性能のばらつきが非常に小さく、すべからく高性能です。

1.5.2 機械学習

現時点でGoogleはTensorFlow[注9]を基盤として提供し、さらにGoogleが各所で収集した圧倒的データ量をベースにした学習済みのAPI[注10]として、Translate API、Speech API、Vision APIを提供しています。また今後もどんどん出てくるでしょう。機械学習の分野では、やはり学習に大量のサーバーリソースが必要になりますが、これは前述のビッグデータと同じ理由でGCPに非常に大きなメリットがあります。

また、Googleは、Androidや無料のサービス群を一般のユーザーに提供し、これらの利用から生まれる様々な情報を収集しています。この圧倒的な量の収集データは、機械学習においては非常に有効な手段となります。それらの学習結果を利用できる点は、GCPの大きなメリットだと言えます。今後、モバイルファーストからAIファーストに移っていこうとしている中、無料サービス群やAndroid端末からの圧倒的なデータ量に基づく学習が可能であるGoogleは、この分野でもほかをリードしていくことになるのは間違いないでしょう。

注8 インスタンス：クラウドにおけるインスタンスとは、物理的な1台のコンピュータ上で仮想的なコンピュータをソフトウェアとして起動したものを指す。ソフトウェアのインストールからOSの設定まで実際のコンピューターと同じように操作することが可能。インスタンスはプラットフォーム、CPU、メモリ、ストレージの4項目でスペックが値として示され、利用者は要件にあったインスタンスを選択できる。
注9 TensorFlow（テンソルフロー）:Googleが開発し、オープンソースソフトウェア（OSS）として公開している機械学習に用いるためのライブラリ。
注10 API：Application Programming Interface

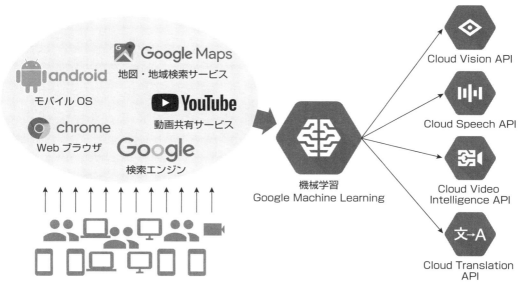

図1.5-1　Googleの機械学習の仕組みのイメージ

1.5.3 キャンペーンなどのスパイク

　GCPではロードバランサ[注11]としてgoogle.comと同じものが利用可能です。これにより、事前の暖機運転のようなものは必要ありません。また、インスタンスの起動も40秒程度と非常に高速です。事前に予測の難しいスパイクであっても、ロードバランサは問題なく対応されますし、オートスケールによるインスタンスの起動も高速に行えるため、スパイクに対しても処理漏れを起こすことが少なくできるのがGCPの特徴と言えます。また、可能であれば、GAEを利用することでスケーラビリティの問題から完全に解放されるという選択肢もあります。特に静的ページやキャンペーンページとして、ランディングだけでもGAEにしてしまえれば、完全にオートスケールでサービス提供ができるようになり、おすすめです。

注11　ロードバランサ（負荷分散）：通信時に求められる処理を並列動作している機器に均等に振り分けることで、1台にかかる負担を減らす仕組み。

1.5.4 運用保守担当者不在

　これは特にGAEを利用することをおすすめしているものです。GAEを利用することで、完全に運用フリーになります。オートスケール、データ容量の自動拡張、ミドルウェア層までのセキュリティ確保まで、すべてGoogleがサポートしてくれます。実際、Snapchatという米国でNo.1の動画共有SNSサイトでは、GAEを活用することでインフラ専任の運用担当者が不在だそうです。毎日何億枚という写真投稿を受け入れるサービスを提供しておきながら、インフラ運用専任担当者不在という信じられない体制で運用できているのです。その他、BigQueryなどもサービスとして提供しているのでインフラという観点では全く気にする必要はなく、運用保守担当者不在で利用できるでしょう。GCEなどのIaaSレイヤーのサービスを利用する場合は、やはり運用保守担当者は必要になりますのでご注意ください。

1.5.5 グローバル展開

　GCPでは「Datacenter As A Computer」というキーワードで代表される思想で、データセンターごと利用するイメージで設計されていますが、さらにはデータセンター間をつないでいる状態もデフォルトで提供されています。これはGoogleが自前で世界中をつなぐ回線を持っていることにも起因しますが、リージョンやゾーンといった名称では特にネットワーク上は区切られておらず、デフォルトネットワークというものの配下にデフォルトでサーバーインスタンスが配置されます。サブネットを自前で切って運用することも可能ですが、それもリージョンとは関係なく可能です。1つのサブネットの中に、USとアジアとEUのサーバーインスタンスを配置することが容易に可能です。それらを1つのグローバルロードバランサ配下に置くこともできます。しかも各サーバーには、各地域から近い拠点のサーバーにリクエストが割り振られます。したがって、1つのグローバルIP配下で世界中にサービスを提供することが可能になるのです。いちいちVPN[注12]でつなぐというようなことは必要ありません。

注12　VPN（Virtual Private Network）：仮想専用線とも呼ばれ、インターネット（または通信サービス事業者のネットワーク）上に、セキュリティ対策を施した仮想的な通信経路を設け、あたかも専用線のように用いる仕組みまたはその技術。

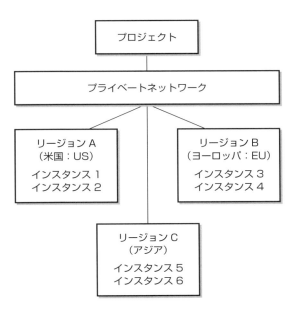

図1.5-2　世界をつなぐGoogleのサービスの仕組み

以上、ハイレベルな視点からGCPの特徴を説明しました。

(「クラウド」という言葉自体Googleが言い出したものであり、そのクラウドを活用する技術を一から築き上げてきたGoogleが提供するクラウドコンピューティングリソースであるGCPですから、クラウド時代に最もマッチしたものであると筆者は信じています。)

次章以降では、より具体的な技術的観点から、GCPの特徴について解説します。

第2章

GCPの基本を知ろう

それでは早速、GCPとはどういったものなのかという基本的な概念や、どのようなサービスがあるのか、どういう風に使えばよいのか、課金など、基礎知識について見ていきましょう。

本章では以下の項目について説明します。気になるところから読み進んでも問題ありません。

表2-1 本章の章立て

サブタイトル	内容
GCPの基本概念	GCPにおける基本概念についての説明。把握しておくべき用語についての解説。ユーザー、プロジェクト、課金の関係性。管理コンソールでできること、APIでできることなどの基本事項
リージョン、ゾーン	GCPでの動作させる物理的な場所について
無料トライアルの登録とプロジェクトの作成	管理コンソールへのアクセス方法、無料トライアル登録方法、その後のプロジェクト作成まで
管理コンソール基礎	管理コンソールについてひととおりの動きや、構成などを整理・解説
GCPのコンポーネント一覧	GCPのコンポーネントごとに簡単に概要を説明（最新のものも含む）
SDKコマンドライン基礎	SDKのコマンドラインの基礎を説明。基本的なコマンド群と引数の調べ方
Cloud IAM	GCPのリソースに対する権限管理
課金について	課金の考え方についてひととおり説明。サンプルの構成における費用概算
セキュリティ	Googleのセキュリティについて、ホワイトペーパーや、第三者認証などを含め説明
参考資料	GCPの学習や、今後の使用のために必要な参考資料や情報など

2.1 GCPの基本概念

GCPでまず把握しておくべき概念は、大きくユーザー、課金アカウント、プロジェクトの3つに分類されます。

表2.1-1　ユーザー、課金アカウント、プロジェクト

名称	説明
ユーザー	GCPの利用者。Googleの各サービスに共通のアカウント（GmailやGoogleApps、任意のGoogleアカウント）を保持する個人のことを指す。権限管理などは、基本的にこの個別のアカウントに対して行われる。GCP専用のユーザーアカウントというものは、基本的に存在しない。
課金アカウント	プロジェクトに対して1つ割り当てられる課金管理用のアカウント。複数のプロジェクトをまとめることが可能で、ユーザーは自分が管理する課金アカウントを複数持つことができる。
プロジェクト	各種GCPの機能・サービスを束ねる、GCP固有の概念。プロジェクト内では各サービス間・サーバー間の連携は非常に容易だが、プロジェクトをまたぐと基本的には別の環境になる。課金金額も基本的にこのプロジェクト単位でまとめられる。

図2.1-1に各概念の関係性を示します。ユーザーがないと課金アカウントは存在せず、その2つがないとプロジェクトは存在できません。各関係はn対nですが、プロジェクトから見ると、課金アカウントはただ1つだけ決まっている必要があります。

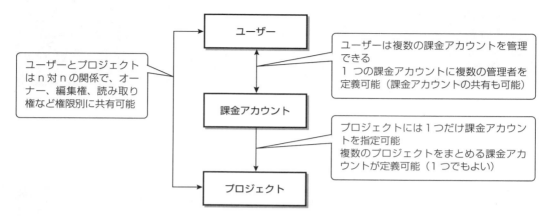

図2.1-1 ユーザー、課金アカウント、プロジェクトの関係

　1人のユーザーとしては、ログインすると自分がアクセス権限のあるプロジェクトが一覧で見えることになります。

　通常のビジネスシーンにおける利用においては、課金アカウントを1つ法人にて用意し、その課金アカウントで1つ以上のプロジェクトの支払いを行い、各プロジェクトごとに必要な権限をユーザーに割り当てて利用する、という形態が一般的です。

　GCPでは、あらゆるサービス、リソースがプロジェクトの中に作成されます。各サービス、リソースに対する操作は、ブラウザの管理コンソールからとコマンドライン（SDKを利用）を利用することができます。また、REST APIも提供されますので、連携するシステムを構築することも可能です。

> **✓ここがポイント**
>
> **GCP**には、オーガニゼーション（組織）という概念もあります。これは企業（エンタープライズ）用途で、組織単位で全体の権限管理を行う場合に活用するものです。

2.2 リージョン、ゾーン

　GCPではデフォルトで、すべてのリージョンが利用可能です。基本的に地理的場所に依存しないような作りをしていますが、どうしても物理的な位置による光の速度の遅延からは逃れられませんので、一応気にする必要があります。ただし、BigQueryのようにリージョンを選べないようなサービスもSaaSレベルでは存在しますので、注意してください。

表2.2-1　リージョン、ゾーン

	説明	具体例
リージョン	世界中のどこにあるのかという地理的な位置を表す（米国やEU、アジアなど）。光の速度による遅延も影響するようなサービスの場合、考慮した設置・設定が必要になる。クォータはリージョンごとに設定される。	asia-east1、asia-east2、asia-northeast1、asia-south1、asia-southeast1、australia-southeast1、europe-north1、europe-west1、europe-west2、europe-west3、europe-west4、northamerica-northeast1、southamerica-east1、us-central1、us-east1、us-east4、us-west1、us-west2の18箇所 [注1]
ゾーン	リージョン内のさらに分散された拠点。おおむねデータセンターと考えてよい。GCSなどのサービスでは、このレベルまでは選択できない。そういったサービスの場合は、逆に言うと自動的にゾーン間での冗長性は担保してくれると考えてよい。 また、ゾーンによって利用可能なCPUアーキテクチャの性能が微妙に異なる場合がある。	a-fまでリージョンにより複数存在する。1リージョン当たり3ゾーンというのが、基本的なGoogle内のルール。

　各リージョン、ゾーンの詳細仕様については、次のページを参照してください。
　https://cloud.google.com/compute/docs/zones

　地理的なこと以外に、リージョンというくくりで注意が必要なのは、GCPのクォータについてです。

注1　2016年11月に東京リージョンが公開されました。リージョン名は「asia-northeast1」です。

GCPではソフトクォータ（意図しない大量使用による課金を防ぐため）がデフォルトでかかっており、ある程度の規模の利用をしようとするとクォータ解除を申請する必要がありますが、それらはリージョンごとに管理されています。複数リージョンを利用する場合は、それぞれ申請して解除するようにしてください。

2.2.1 リージョン、ゾーンの選び方

　リージョンの選択については、まずは地理的な位置を考慮します。当然ながら日本で利用する場合や、日本のユーザー向けにサービスするサーバーの場所は、アジアリージョン、日本リージョンを選択すべきでしょう。Google網を利用しても、米国までは往復で200ミリ秒の遅延が発生してしまいます。

　逆に、米国向けにサービスする場合は米国にするなど、地理的に近いリージョンを選ぶべきです。Googleのロードバランサはリージョンをまたいだ構成も容易に取れるので、冗長性のために複数リージョンとしておくのも1つの手です。リージョン間をまたいだプライベートネットワークが容易に（デフォルトで構成されている）作成できるというのはGoogleのよい点ですが、1つだけ注意が必要なのは、リージョン間をまたいだ通信にはネットワークコストが発生するという点です。インターネットの外部への出力にかかる費用よりは安いですが、若干発生します。

　ゾーンについては、基本的にリージョン内のどこのゾーンを使っても大きな差はないでしょう。一部利用可能なアーキテクチャが異なる点くらいで、ゾーン間のデータ転送料については無料です。それよりも大事なことは、複数ゾーンを利用することです。Googleの提供するSLAでは、複数ゾーンでの構成を取っていない場合はSLA対象外とみなされてしまいます。これはSLAをよく読まないと見逃しがちなので、注意が必要です。単一ゾーン内でサーバーが起動しなかった場合については、SLA対象外と明記されています。まとめると

- サービスする場所に物理的に近いリージョンを選ぶ。
- 複数ゾーンに分散して配置することで、対障害性を高めてSLA対象とする。

という2点を注意すればよいことになります。日本で利用する場合は、基本的に日本またはアジアのリージョンを選べばよいでしょう。

　細かい点では、CPU処理性能のみに着目すると、ゾーンごとにサーバーの基本アーキテクチャ（Ivy Bridge、Haswellなど）が若干異なるため、性能に少し差が出ます。CPU単価のみを追求するなどの場合は「US-East」を選ぶと、現時点では最新のアーキテクチャが割安で利用できます。

2.3 無料トライアルの登録とプロジェクトの作成

本節では、無料トライアルの登録からプロジェクトの作成まで、GCPの課金設定を有効にするまでの手順について説明します。ただし、ここではGCPプロジェクトを作成する上で必要となるGoogleアカウントの作成方法については説明しません。Googleアカウントを持っていない場合は、本手順を実行する前に、以下のURLからGoogleアカウントの取得を行ってください。

https://accounts.google.com/SignUp

2.3.1 管理コンソールへのアクセス

ブラウザを起動し、以下のGCP管理コンソールのURLに接続してください。

https://console.cloud.google.com

URLにアクセスすると、Googleアカウントの認証ページに遷移するので、持っているGoogleアカウントでログインしてください。すでにGoogleアカウントでログイン済みの場合は、管理コンソールに直接リダイレクトします。

2.3.2 無料トライアルの登録

　Google認証が成功すると、スタートガイド画面に遷移します。GCPには12ヶ月の無料トライアル（$300無料クレジット）が用意されているので、まずは無料トライアルの登録を行いましょう。「無料トライアルに登録」ボタンを押下して、トライアル登録ページに遷移し、トライアルの登録を完了させてください。なお、トライアルの登録にはクレジットカードの登録が必要となります。

図2.3-1　無料トライアルの開始

2.3.3 プロジェクトの作成

無料トライアルの登録が完了したら、次にプロジェクトの作成を行います。GCP管理コンソールのホーム画面に遷移し、ダッシュボードから「作成」ボタンを押下します。

図2.3-2　GCPプロジェクト作成(その1)

ボタンを押下すると、プロジェクト作成画面に遷移するので、まずはプロジェクト名[注2]の入力を行います。プロジェクト名には任意の名称を入力してください。プロジェクト名の入力が完了したら、プロジェクト名の入力テキストボックス右横にある「編集」リンクをクリックします。

図2.3-3　GCPプロジェクト作成（その2）

注2　プロジェクト名には4〜30文字以内の文字列を入力可能です。また、プロジェクト名に利用可能な文字は、英数字、引用符、ハイフン、スペース、感嘆符の5種類となります。

「編集」リンクをクリックすると、プロジェクトID[注3]の編集用テキストボックスが表示されますので、任意の文字列を入力してください。ただし、プロジェクトIDにはTwitter IDと同様、全世界でユニークなIDを指定する必要があります。そのため、すでに取得されているプロジェクトIDは指定することができません。すでに取得されているIDを入力した場合は、赤文字でエラーメッセージが表示されます。利用可能なプロジェクトIDの入力が完了したら、次は任意の組織を選択し「作成」ボタンを押下してください。

図2.3-4　GCPプロジェクト作成（その3）

注3　プロジェクトIDには6〜30文字以内の文字列を入力可能です。また、プロジェクトIDに利用可能な文字はアルファベット小文字、数字、ハイフンの3種類のみとなります。

プロジェクトの作成が完了すると、プロジェクト一覧の任意の組織配下に先ほど作成したプロジェクトが表示されるようになります。以上でプロジェクトの作成は完了となります。

図2.3-5　プロジェクトの作成完了

2.4 管理コンソールの基礎

GCPにはWebの管理コンソールが用意されています。ユーザーはGCPの管理コンソールを利用して、GCPリソースを簡易に操作・管理することができます。「2.1　GCPの基本概念」で説明したとおり、GCPにはプロジェクトという概念があり、ユーザーはシステム・サービス単位でプロジェクトを作成することができます。GCPの管理コンソールは、このプロジェクトという概念に沿って構成されており、ユーザーはプロジェクトごとにGCE（Google Compute Engine）やGCS（Google Cloud Storage）といったリソースをブラウザで管理することができます。

2.4.1 基本的な操作方法

GCPの管理画面はマテリアルデザインが採用されており、スマートフォンやタブレットからも同等の操作感を実現することを目指して設計されています。

基本的には、ヘッダメニューでプロジェクトの選択・切り替えを行い、左メニューから操作対象のサービスを選択すると、さらにサービス内での詳細なメニューが出てきます。その中から必要な詳細メニューを選び、メニュー右側のコンテンツ画面でサービス内の処理を行う、という流れで一連の操作を行います。別プロジェクトで同一のサービスを操作したい場合は、ヘッダメニューからプロジェクトだけ切り替えます。サービスメニューは選択されたままの状態で遷移することが可能です。

2.4.2 基本メニューの説明

サービスメニューは様々なコンテンツが存在しますが、以下では本メニューの中から基本的なページをピックアップして紹介します。

- ホーム
- API Manager

ホーム

「ホーム」はGCPプロジェクトのトップページとなり、「ダッシュボード」と「アクティビティ」の2つの画面から構成されます。

①ダッシュボード

「ダッシュボード」は、現在利用中のクラウドサービスのステータス（アプリの5xx系エラー数やAPIの秒間リクエスト数など）や課金状況などを確認するための画面です。また、ダッシュボードにはGCPプロジェクトのポータルページとしての側面もあり、各サービスのドキュメントやスタートガイドもダッシュボードから参照することができます。

図2.4-1　ダッシュボード画面

②アクティビティ

「アクティビティ」は、GCPプロジェクトに対するユーザーの操作ログなどを閲覧するための画面です。「アクティビティ」にはフィルタリング機能があり、ユーザー、アクティビティタイプ（データアクセス、モニタリング、開発、設定）、リソース種類（BigQuery、GCSなどのリソース）、指定期間内からログを検索したりすることができます。

図2.4-2　アクティビティ画面

APIとサービス

「APIとサービス」はGCPリソースAPIのトラフィックやエラー率の確認、各APIの管理を行うための画面です。

①ダッシュボード

ダッシュボードは、各GCPリソースAPIのリクエスト数、エラー率、APIステータス（有効・無効）を確認するための画面です。リクエスト数やエラー率は期間単位（1時間ごとから30日間）で確認することができます。

図2.4-3　APIダッシュボード

②ライブラリ

　ライブラリはAPIのドキュメント、または利用ステータス（有効・無効）の管理を行うための画面です。左メニューのAPIカテゴリ、または検索ボックスから任意のAPIを検索することができます。GoogleのAPI数はとても多いため、対象のAPIは検索ボックスから探すことをおすすめします。

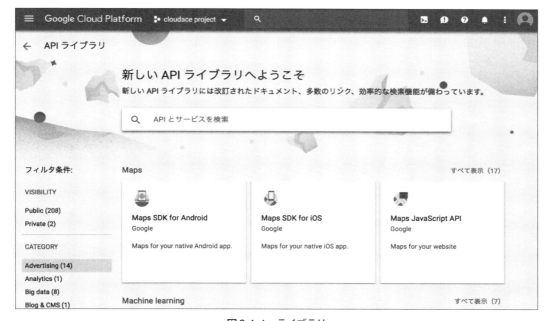

図2.4-4　ライブラリ

③認証情報

　認証情報はAPIに接続するためのAPIキーやサービスアカウントキーの生成、またはOAuth同意画面のカスタマイズを行うための画面です。Google APIを利用する場合、本画面での認証情報の設定は必須になります。

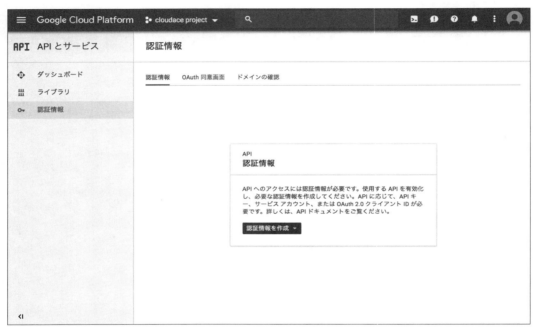

図2.4-5　認証情報

2.5 GCPのコンポーネント一覧

　本節では、GCPが提供する様々なコンポーネントを一覧にまとめ、簡単に説明を付けました。表2.5-1を見れば、GCPがコンピューティングリソースに留まらず、様々なテクノロジーを提供しているサービスであることに気がつくと思います。ただし、GCPでは革新的なサービスが日々増え続けているため、本書を購入した時点でサービスはさらに増えている可能性があります。最新のサービスを確認したい場合は、GCPの公式ページをご確認ください。

- GCP公式ページ

https://cloud.google.com/

表2.5-1　コンポーネント一覧

分類	名称	内容
コンピューティング	Compute Engine	基本となるIaaSサービス。Googleが構築する強力なインフラ上で仮想マシンを簡易に操作（起動、停止、削除など）することができる。
	App Engine	Googleクラウドで最も歴史の古いPaaSのサービス。ユーザーはプロダクトの開発だけに集中することができる。トラフィックの増減に応じて、アプリケーションは自動でスケールアウト／スケールインを行い、ユーザーはサーバーのメンテナンスを行う必要がない。
	Kubernetes Engine	Kubernetesのフルマネージドサービス。数分でコンテナクラスタをセットアップし、デプロイの準備を整えることができる。
	Cloud Functions	イベント単位の関数プログラムを起動するためのサーバーレスなコンピューティング環境。トリガーによって様々なサービスと連携することが可能。
ストレージ	Bigtable	スケーラブルなNoSQLサービス。Googleによれば、「ほぼ無限にスケールアウトすることが可能で、データ量の増大によって速度の低下が発生しない」。GmailやYouTubeといったGoogleのサービスでも利用されている。

（次ページへ続く）

表2.5-1　コンポーネント一覧（続き）

分類	名称	内容
ストレージ	Datastore	BigTableの上位レイヤーに位置するNoSQLサービスで、インデックスなども貼ることが可能。GAEからはAPIとして標準的に利用することができる。
	Firestore	NoSQLサービス。GCP以外にFirebaseとの親和性も高い。
	Storage	オブジェクトストレージサービス。用途に応じてストレージの種類を選択することが可能で、1ファイル当たり最大5TBまでのアップロードが可能。
	SQL	フルマネージドのRDBMS（MySQL、PostgreSQL）サービス。
	Spanner	分散リレーショナルデータベースサービス。スケーラビリティと可用性の両方を併せ持つデータベースで、データに対してStrong Consistency（強い一貫性）を保証する。
	Memorystore	フルマネージドRedisサービス。
	Filestore	フルマネージドNASサービス。
ネットワーキング	VPCネットワーク	クラウド上で仮想ネットワークを提供。
	ネットワークサービス	負荷分散（ロードバランサ）、DNS、CDNなどの付加サービス。
	ハイブリッド接続	VPNなどの閉域接続などのサービスを提供。
	Network Service Tiers	プレミアム（デフォルト）からGoogle網を使わないことで価格を抑えたネットワーク費用に変更可能。
	ネットワークセキュリティ	クラウドアーマーやSSLなどのセキュリティサービス。
Stackdriver	Monitoring	GCPやAWSで動作するアプリケーションに対してモニタリングを行うためのサービス。
	Debugger	稼働中のアプリケーションの動作異常に対してソースコードからバグの調査を行うことができるサービス。

（次ページへ続く）

表2.5-1　コンポーネント一覧（続き）

分類	名称	内容
Stackdriver	トレース	リクエストのレイテンシ情報からアプリケーションのパフォーマンスにおけるボトルネックを検知するサービス。
	ロギング	GCPやAWSで動作するアプリケーションに対してロギングを行うためのサービス。
	エラーレポート	GCPやAWSで動作するアプリケーションに対して診断を行い、問題を通知するサービス。
	プロファイラ	アプリケーションで使用するCPUやメモリのパフォーマンスを継続的に分析するサービス。
ツール	Cloud Build	コンテナイメージのビルドを実行するサービス。
	Container Registry	プライベートなコンテナレジストリを提供するサービス。
	Source Repositories	プライベートGitリポジトリを作成することができるサービス。
	Deployment Manager	クラウドリソースをシンプルなテンプレートで管理することができるツール。YAMLを利用することで必要なリソースを定義することができる。
	Endpoints	Mobile Backend as a Service（MBaaS）ソリューション。JavaまたはPythonのコードにアノテーションを付与するだけでRESTfulなAPIを構築することができる。対応クライアントはiOS、Android、JavaScriptとなっている。
ビッグデータ	BigQuery	低コストのビッグデータ解析用サービス。ユーザーは使い慣れたSQLを使ってデータ集計を実行することができる。リアルタイム分析のために、秒間数百万行のスピードでBigQueryへデータを流し込むことも可能。
	Pub/Sub	フルマネージドのリアルタイムメッセージングサービス。秒間100万以上のメッセージを送信することができる。
	Dataproc	Hadoop、MapReduceなどの分散処理フレームワーク向けのマネージドサービス。大小様々な規模のクラスタを瞬時に作成することができる。

（次ページへ続く）

表2.5-1　コンポーネント一覧（続き）

分類	名称	内容
ビッグデータ	Dataflow	ビッグデータに対してストリーミング・バッチ処理を行うフルマネージドサービス。
	IoT Core	IoTデバイスとGCPの各サービスを連携するサービス。IoT Edgeというエッジコンピューティングも含めたGCPにおけるIoTサービス。
	Composer	フルマネージドApache Airflowサービス。タスクスケジューリング、モニタリングが可能。
	Genemics	ペタバイトのゲノムデータを解析することができるサービス。
	Dataprep	分析用データの検索、可視化、クレンジング、分析のための準備を容易に提供するサービス。TrifactaツールをGCPで提供。
	ML Engine	機械学習向けマネージドプラットフォーム。TensorFlowフレームワークを利用することで様々な機械学習モデルを構築することができる。
人工知能	Natural Language	自然言語のための機械学習サービス。
	Talent Solution	仕事・職業を探すためのサービス作成用のAPIなど（2018年10月現在は日本では提供なし）。
	Translation	Googleにより学習済みのモデルを活用した機械学習のAPIサービス。言語ペアの間で翻訳を行うサービス。対応言語ペアは数千に及ぶ。
	Vision	Googleにより学習済みのモデルを活用した機械学習のAPIサービス。画像の種類を高速に分類したり、物体や人物を解析する機能など、画像認識に特化したサービスとなっている。

※ 執筆時点ではβやαのものも含まれます。

Column ▶ サービスのリリース段階

Googleでは基本的なサービスのリリースの段階としてE.A.（イーエー：Early Accessの略）、α（アルファ）、β（ベータ）、G.A.（ジーエー：Generally Availableの略）の4ステップがあります。

E.A.はまだテスト中の段階のもので、ほとんどの場合、Google内部（およびテクノロジーパートナーなど）でのテストでしか利用されないものなので、あまり気にしなくてよいでしょう。

αの特徴はクローズドで申込制や招待制になっており、機能要望も含めて受け付けるという点です。変更や下位互換性なく停止する機能などもよく発生するため、「利用可能」というだけのものと理解すべきです。とは言え、先進的なものを利用できる点と、あわよくば自分にとって都合のよい機能などの要望を出せる点は、非常にギーク心をそそられるものでしょう。

βはその次の段階で、一応誰もが利用可能になった状態です。ですが、SLAも提供されず、稀にですが互換性なく機能が停止や変更になったりする可能性もありますので、注意して利用する必要があります。α、β共に、費用がかかるケースとかからないケースがあります。いずれにせよ、G.A.になるまでは費用も含め変更になる可能性があります。

G.A.になると、基本的にSLAが付き、料金も含めて機能として担保されることになります。また、サポート終了ポリシーによって保護され、基本的には終了のアナウンスから1年は利用が可能になります。

2.6 SDKコマンドライン基礎

　GCPではWeb管理コンソール、CUIコマンドライブラリ（SDK）、REST APIによる3つの操作方法がありますが、基本的にすべての操作をコマンドラインから実施可能です。

　GCPは、まずコマンドラインでの操作ができるようになる方が望ましいです。REST APIはプログラミングの必要がありますし、Web管理コンソールでは操作できないことも基本的にコマンドラインやAPIでは操作できます。Webの管理コンソールも便利で見やすくなっているのでケースバイケースではありますが、最初はWeb管理コンソール、次にコマンドライン、最後に自動化する場合はAPIを活用する、といった順序で学習していくとよいでしょう。

　また、コマンドラインの方がレスポンスがよいことと、直前の操作が何だったかの確認も容易である点からも、業務などで使う場合を考慮してコマンドラインを使うことをおすすめします。

　本節では、SDKをインストールして使えるようになるところまではできている状態での基本的な操作方法、コマンドの組み立て方の基本を紹介します。

2.6.1 SDKコンポーネント群一覧

　GoogleのSDKには、基本のコアコンポーネント、gcloudコマンド、gsutilコマンド、bqコマンドがあります。その他オプションとして、いくつかのコンポーネントがあります。基本的にすべて、gcloudコンポーネントコマンドでインストールができます。

表2.6-1　SDKコンポーネント群

名称	コマンド名／ID	SDKに含まれるか	内容
Default set of gcloud commands	gcloud	含まれる	すべての基本になるコマンド群。認証やコンポーネントアップデートを司る。以下のコマンド以外のすべてのコマンドを行える。
Cloud SDK Core Libraries	(core)	含まれる	すべての基本になるコア機能ライブラリ。

（次ページへ続く）

表2.6-1　SDKコンポーネント群（続き）

名称	コマンド名／ID	SDKに含まれるか	内容
Cloud Storage Command Line Tool	gsutil	含まれる	Cloud Storage専用のコマンド。コピーやsyncなどの処理が可能。
BigQuery Command Line Tool	bq	含まれる	BigQuery専用のコマンド。
Cloud Datastore Emulator	gcd-emulator	含まれない	クラウドデータストアをエミュレートするコマンド群。
Cloud Pub/Sub Emulator	pubsub-emulator	含まれない	クラウドPub/Subをエミュレートするコマンド群。
gcloud Alpha Commands	alpha	含まれない	alpha扱いのコマンドが利用可能になるコンポーネント。gcloud alpha XXXX（XXXXがコマンド）のように利用する。
gcloud Beta Commands	beta	含まれない	beta扱いのコマンドが利用可能になるコンポーネント。alphaと同様、gcloud beta XXXX（XXXXがコマンド）のように利用する。
kubectl	kubectl	含まれない	GKE専用のコマンド。gcloud components update kubectlのように、gcloudコマンドを使ってインストールする。
gcloud app Java Extensions	app-engine-java	含まれない	GAE Java用のライブラリ、開発環境など。
gcloud app Python Extensions	app-engine-python	含まれない	GAE Python専用のコマンド、開発環境。

　まずgcloudコマンドの利用方法を覚えないとほかの機能も使えないので、まずはそこから始めましょう。gcloud alpha/betaは、alpha/betaがなくても同じコマンド構成で、alphaやbeta扱いの新機能や動作を行わせることができるようになります。実験的なものなので、上級者のみ利用するものと考えてよいです。

2.6.2 SDKコマンドの基本

では、コマンドを使って操作する場合に、最低限覚えておくべき基本を押さえていきましょう。

以下は、基本的にgcloudコマンドを例に取りますが、gsutilコマンドやbqコマンドでも考え方は同じようになっています。

▍コマンド構成

gcloudコマンドの基本的なコマンド構成は、次のとおりです。

```
gcloud  GROUP指定  操作  ターゲット  オプション
```

GROUP指定というのは、sql instancesやconfig、compute instancesなどの指定です。

configは詳細がないので次の操作がすぐに来ますが、GCEを意味するcomputeの場合、さらに「インスタンスに対する操作なのか、ディスクに対する操作なのか」を指定する必要があります。

そこまで指定すると、次に来るのは操作としてcreate、delete、set、list、describeなどが出てきます。listの場合には、ターゲットは基本的には取りませんが、createやdeleteなどはターゲットを指定して作成することになります。後は各コマンドごとに細かいオプションなどがある場合がありますが、それは個別にマニュアルを見るなどして調べてください。

例えば、GCEのインスタンスを作りたい場合は、次のようになります。

```
gcloud compute instances create a
```

上記の場合は、このままでも各種デフォルト設定で「a」というインスタンスが生成されます。以下は、実行例サンプルです。

```
demo@shoseki-demo:~$ gcloud compute instances create a
Created [https://www.googleapis.com/compute/v1/projects/shoseki-demo/zones/asia-east1-b/instances/a].
NAME   ZONE          MACHINE_TYPE    PREEMPTIBLE   INTERNAL_IP   EXTERNAL_IP      STATUS
a      asia-east1-b  n1-standard-1                 10.140.0.2    104.155.222.1    RUNNING
```

同様に、CloudSQLのインスタンスを作成したい場合は、上記のcomputeをsqlに変更するだけで同じように動作します。また、削除したい場合、createをdeleteにすればOKです（確認などは出ます）。これを覚えておくだけで相当応用が効くようになりますので、まずはこの基本構文を覚えてください。

▌TAB補完・候補表示が効く

次に、TAB補完について説明します。Unix系のシェルで一般的なTAB補完が、かなり色々な箇所で効きます。

①コマンドオプション候補表示

まず、「gcloud」だけ打ちこみ、TABを2回打つと、以下のとおりオプション候補がすべて出てきます。

```
demo@shoseki-demo:~$ gcloud
alpha              config              emulators           logging
sql
auth               container           feedback            meta
test
beta               dataflow            functions           preview
topic
bigquery           dataproc            genomics            projects
version
bigtable           debug               help                pubsub
billing            deployment-manager  iam                 service-management
components         dns                 info                service-registry
compute            docker              init                source
```

②コマンド補完

もちろん候補が1つだけになった場合は、以下のとおりTAB1つで補完してくれます。

```
demo@shoseki-demo:~$ gcloud conf ＋ TAB
→
demo@shoseki-demo:~$ gcloud config
```

③ターゲット補完

さらに、GCPのSDKで凄いのが、ターゲットの補完もしてくれることです。

以下のとおり、configでデフォルトのプロジェクトを設定したい場合に、「set project」まで打って、TABを2回打つと、現在のログインユーザーで保持しているプロジェクトの一覧が出てきますので、この中から選ぶことができます（ここももちろん補完が効きますので、以下の例だとs＋TABでshoseki-demoプロジェクトが設定できます）。

```
demo@shoseki-demo:~$ gcloud config set project /
refined-outlet-130206    shoseki-demo
```

これはインスタンスを対象にした場合など、様々なケースで補完されます。

以下の例は、インスタンス作成時にゾーンを指定しようと「--zone」と指定した場合に、TAB2回で候補表示した結果です。ちゃんと候補となるゾーンの一覧が出てきました。

```
demo@shoseki-demo:~$ gcloud compute instances create a --zone
asia-east1-a      asia-east1-c      europe-west1-c    us-central1-a    us-central1-c
us-east1-b        us-east1-d
asia-east1-b      europe-west1-b    europe-west1-d    us-central1-b    us-central1-f
us-east1-c
```

ここまで補完・候補表示してくれれば、Webコンソール画面でプルダウンが出てきているのと同じ感覚になるのではないでしょうか。

とにかく分からなくなったらTABを2回打ってみてください。補完候補がなくなると、カレントディレクトリのファイルが表示されるようになります。

▌helpの使い方

各コマンドのヘルプは、主に以下の2パターンで確認することができます。gcloudの直下に「help」としてその後ろに普通のコマンド群を入れていくか、最後に「--help」と入力します。

```
gcloud help AAA BBB CCC
gcloud AAA BBB CCC --help
```

「AAA」まで入れたところでhelp表示させるとAAAまでのヘルプが、「BBB CCC」まで入れると、より細かいコマンドが分かるようになります。

例えば、「gcloud help compute」とするとGCE全般のコマンドヘルプとなり、その以下に続くコマンド群の解説が表示されます。さらに、「gcloud help compute instances create」まで入れると、GCEインスタンス作成時の各種オプションなどについての詳細なヘルプが表示されます。これは「gcloud compute instances create」までTAB補完した後に、TAB補完されなくなったら「--help」で詳細を見る、という使い方もできますので、これらを組み合わせることで、コマンドはほぼ覚えることなく組み上げることができるでしょう。

用語・単語の使い方

基本的に名詞は複数形になります（disks、instances、networks、imagesなど）。
主な動詞として覚えておくべき基本的なものには、以下があります。

表2.6-2　SDKコマンドの主な動詞

動詞	動作
add	1対nの関係を持つような場合のnを追加する。インスタンスに対するディスクの追加など。
create	各種名詞を作成する。最も一般的。
delete	createに対応して削除する。最も一般的。
describe	createしたものについての詳細情報を1つ指定して表示する。
list	各種作成したものを一覧で表示する。最も一般的。
remove	addと対応して、1対nの関係を持つような場合にnから減らす。

このあたりはマニュアルを見るまでもなく使えるようになると、初心者脱却と言えるでしょう。

また、createなどで指定するリソースを一意に識別する名称ですが、基本的には先頭が小文字英字開始で、小文字の英数字とハイフンのみが利用可能（末尾にハイフン不可）の最大62文字です。基本的にプロジェクト内で一意になれば大丈夫です。

デフォルト設定について

gcloud initコマンドを最初に行うことで、ユーザーアカウントやデフォルトのリージョン、ゾーンなどを指定しておくことが可能になります。特に指定しないとそれらが有効になりますが、コマンドごとに上書きすることももちろん可能です。

gcloud config listコマンドでデフォルト設定が可能になり、さらに細かいところまで指定が可能になります。gcloud config setでTAB補完して確認してみるとよいでしょう。

▌自動化にあたって

　コマンドラインにより、ある程度の自動実行はできるようになります。また、その際は-qオプションを最後に付けておくと、インタラクティブな確認はすべてデフォルト設定（Yesなど）でスキップする形になりますので、活用してください。

　自動実行の際に注意したいのが、基本的に標準出力の結果を受けて操作するのはなるべく避けることです。フォーマットや出力内容はかなり頻繁に変わりますので、影響を抑えるためには、なるべく--formatオプションで必要な出力を固定することをおすすめします。もっと確実なのは、やはりAPIなどでプログラミングすることでしょう。また、戻り値がゼロでない場合は失敗として扱うというのは確実な方法になるので、これも積極的に活用してください。

2.7 Cloud IAM

2.7.1 Cloud IAMの概要

　Google Cloud Identity and Access Management（Cloud IAM）では、Google Cloud Platformのリソースに対する権限を作成および管理をすることができます。

　Cloud IAMには、リソースの権限を管理するためのツールが用意されています。特定のリソースに対してアクションを実行できるのは、管理者の承認を受けたユーザーのみです。GUIの設定画面からポリシーを作成するだけで、ユーザーに対し自分の行うべきジョブにのみアクセスさせることができます。

　Cloud IAMは、シンプルな構造を念頭に設計されています。分かりやすい汎用インターフェースにより、Google Cloud Platformのすべてのリソースへのアクセス制御を一貫した方法で管理できるため、一度使い方を覚えれば、どんな場面でも対応できます。

　Cloud IAMは追加料金なしで利用できます。

2.7.2 Cloud IAMの特徴

細分化されたアクセス制御

　Google Cloud Platformのプロジェクトでは、幅広いサービスをリソースとして利用することができます。Cloud IAMでは、プロジェクトレベルではなく、より細分化された、リソースレベルでユーザーに役割を付与できます。幅広いリソースに対し、それぞれのリソースに特化した独自の役割が予め用意されています。

標準のGoogleアカウントのサポート

　Cloud IAMでユーザーに権限を付与する場合、そのユーザーの所有するGoogleアカウントに対して権限を付与します。ユーザーはGoogleアカウントにログインすることにより、自動的にIAMの制限を受けることになります。GoogleグループやG Suiteドメインを指定することにより、集団に対して権限を付与することもできます。

Web、プログラム、コマンドラインからの制御

Cloud IAMでは、以下の様々な方法からGoogle Cloud Platformリソースの権限を制御することができます。

- Cloud Platform ConsoleのGUI
- Google IAM APIを使ったアプリケーション
- gcloudコマンドラインインターフェース

2.7.3 Cloud IAMの基本概念

Cloud IAMでは、どのリソースに対して誰（メンバー）がどのようなアクセス権（役割）を持つか定義することで、アクセス制御を管理します。

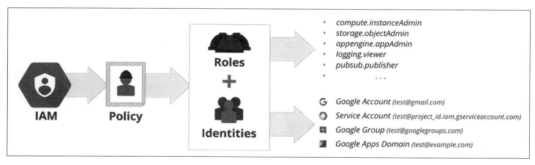

図2.7-1　Cloud IAM概念図

メンバー

Cloud IAMでは、メンバーに対してアクセス権を付与します。次のタイプのメンバーが存在します。

表2.7-1　メンバーの種類

名称	説明
Googleアカウント	Googleアカウントに関連付けられているメールアドレス（gmail.comのアドレスなど）がIDになる。
サービスアカウント	サービスアカウントは、個々のエンドユーザーではなく、利用するアプリケーションに属するアカウント。

（次ページへ続く）

表2.7-1 メンバーの種類（続き）

名称	説明
Googleグループ	Googleグループを使用すると、ユーザーの集合に対して権限を簡単に付与できる。
G Suiteドメイン	G Suiteドメインを指定すると、同じドメインのメールアドレスを持つユーザー全員に対して権限を付与できる。
allAuthenticatedUsers	Googleアカウントまたはサービスアカウントで認証されたユーザー全員を表す特殊な識別子。
allUsers	Googleアカウントの有無を問わず、インターネット上の全員を表す特殊な識別子。

役割

役割は複数の権限を1つにまとめたものです。Cloud IAMでは権限をユーザーに直接割り当てる代わりに、役割をユーザーに付与します。役割をユーザーに付与すると、その役割に含まれているすべての権限がユーザーに付与されます。

Cloud IAMでは、次の2種類の役割があります。

表2.7-2 ユーザーの役割

分類	説明	役割数
基本の役割	参照者、編集者、オーナー、閲覧者の役割がある。これらの役割はプロジェクトレベルの権限をユーザーに付与する。	全4種類
事前定義済みの役割	基本の役割より詳細なアクセス制御が可能な役割。例えば「Pub/Subパブリッシャー」では、Pub/Subトピックにメッセージを送信するためだけのアクセス権が提供される。	約140種類

設定可能な役割は、こちらのURLで確認できます。

https://cloud.google.com/iam/docs/understanding-roles

ポリシー

　Cloud IAMでは、誰がどの種類のアクセス権を持つかを定義する「Cloud IAMポリシー」を作成することによって、ユーザーに役割を付与できます。

ポリシー階層

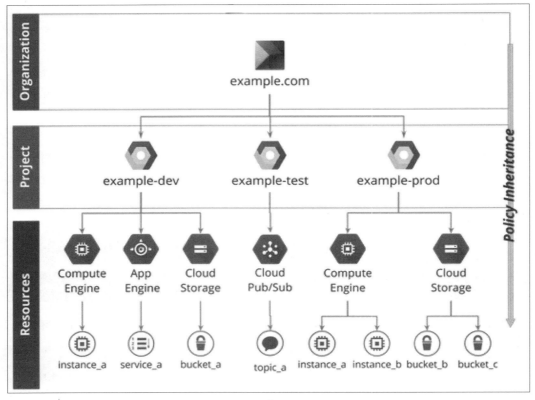

図2.7-2　ポリシー階層

　Cloud Platformのリソースは、階層別にまとめられています。組織ノードが階層のルートノードであり、プロジェクトは組織の子ノードであり、その他のリソースはプロジェクトの子ノードです。各リソースの親は1つだけです。IAMのアクセス制御ポリシーは、リソース階層の任意のレベル（組織レベル、プロジェクトレベル、リソースレベル）で設定できます。親ノードで設定したポリシーは、子ノードに引き継がれます。親ノードで設定したポリシーを子ノードで取り消すことはできません。

2.7.4 Cloud IAMの基本操作

ポリシーを作成してメンバーに役割を付与する

Cloud Consoleのメニューから「IAMと管理」→「IAM」を選択します。

図2.7-3　Cloud IAM画面（その1）

追加をクリックします。

図2.7-4　Cloud IAM画面（その2）

メンバーのIDを入力し、メンバーに付与したい役割を選択し、保存します。

図2.7-5　メンバーの付与画面

ポリシーが追加されていることをGCP管理コンソールで確認します。

図2.7-6　Cloud IAM設定結果画面

ポリシーの内容を変更してメンバーに付与する役割を追加する

図2.7-6に表示されている「鉛筆」マークをクリックし、付与したい役割を選択し、保存します。

図2.7-7　メンバーの役割変更画面

ポリシーを削除する

　削除するには、該当メンバー／役割をクリックします。そうすることで「削除」マークが青色になり、削除するための操作が可能となります。

図2.7-8　メンバーの権限削除画面

　確認ダイアログが表示されるので、確認をクリックします。

> **✓ここがポイント**
>
> Cloud IAMで権限を付与する場合は「必要最小限の権限だけを付与すること」です。例えば、GCEしか使わないユーザーに、プロジェクトのオーナー権限を付与することは望ましくありません。

2.8 課金について

2.8.1 基本的な考え方

GCPの課金体系は、クラウド本来の単純な課金体系、すなわち「利用した分にだけ料金を払う」という「分かりやすさ」と「ロックイン排除」をとても重視しています。例えばディスクI/Oという見込みが難しい部分に対する課金はありませんし、ベンダーロックインにならないよう前払いによる割引などもありません。

ただし、従量課金と言っても、リソースやサービスによって種類は様々です。本節では、従量課金の種類から、特徴的な課金のシステム、実際に例を使った料金試算まで、GCPの課金の考え方について説明します。

2.8.2 課金の種類

前述したとおり、GCPの従量課金にはいくつかの種類があります。GCPで発生する課金の基本的な種類を4つの項目に大別し、表2.8-1にまとめました。

表2.8-1　課金の種類

課金の種類	説明
リソース確保・起動時間	ユーザーが作成したコンピューティングリソース（GCEインスタンスやディスクなど）に対して、確保・起動した時間分だけ課金が発生。ただし、インスタンスのマシンタイプやロケーションによって、課金単価が変わる。
ストレージ量	データの保存量に対して時間ごとに課金が発生。例えば、GCS、BigQuery、データストアなどのストレージに保存されているデータが課金の対象となる。
データ転送量	ネットワークのトラフィック量に対して課金が発生。例えば、GCSから動画を配信する場合、送信されるデータ量に対して課金が発生する。ただし、課金が発生するのはGCPからのダウンやリージョン、ゾーン間の転送部分のみで、アップロードや同一ゾーン内のデータ転送については、課金は発生しない。
データ処理量	データの処理量に対して課金が発生。例えば、BigQueryではSQLでデータを抽出する際のデータ処理量に対して課金が発生する。

2.8.3 GCEマシンタイプの課金時間は1秒単位（最小1分）

前項では課金の種類について説明し、GCEインスタンスなどのサービスはリソースの確保・起動時間によって課金が発生することが分かりました。それでは、課金が発生する時間の単位はどうなっているのでしょうか。実は、GCPとAWSのIaaSでは課金の最小単位が同じです。AWS（EC2）もGCP（GCE）も1秒単位で課金が発生します。

ただし、最小課金は1分となりますので、1分1秒後から1秒単位で課金されます。

2.8.4 継続利用による割引

GCPは長期運用（と言っても1ヶ月間の中で）を行った場合に「継続利用割引」が適用され、サーバーに対して最大で月額30%の割引が発生します。GCPユーザーは、途中でやめたい場合はそれまで利用した料金を支払い、長期で利用した場合は値下げの恩恵を受けることができます。一方、AWSにはリザーブドインスタンスという長期契約の料金モデルが存在します。例えば、ユーザーは1年分の料金を前払いすることで、オンデマンドサーバーで1年間運用するよりも安い料金で、サービスを運用することができます。ただし、サービスが途中で終了した場合は、すでに支払い済みのため料金は返ってきませんし、突然AWSの料金が値下げされた場合はその恩恵を受けることができません。これらのことを考えると、GCPはAWSよりもリスクが低いサービスと言えます。

2.8.5 トラフィック料金

前述したとおり、GCPはネットワークトラフィック量に対して課金が発生します。しかし、単にトラフィック量と言っても、条件によっては課金が発生しないケースもあります。どういった場合トラフィックに課金が発生するかを、表2.8-2にまとめました。

表2.8-2　トラフィック料金

トラフィックの種類	課金
データ受信	課金なし
同一ゾーン内におけるデータ転送	課金なし
同一リージョンの異なるGCPサービス間のデータ転送	課金なし

（次ページへ続く）

表 2.8-2　トラフィック料金（続き）

トラフィックの種類	課金
Googleサービス（YouTube、Maps）間のデータ転送	課金なし
同一リージョンでゾーンをまたぐデータ転送	課金（$0.01 per GB）
USでリージョンをまたぐデータ転送	課金（$0.01 per GB）
大陸をまたぐデータ転送	課金[注4]

2.8.6　GCP利用料計算ツール

　GCPが分かりやすい料金体系を重視していると言っても、様々なGCPリソースを利用した大規模なシステムを構築する場合、そのコスト試算はとても面倒です。Googleは、そんなユーザー向けにGCPの利用料金を簡易に計算することができるツールを提供しています。英語ですがとても分かりやすいUIなので、GCPの利用を考えているユーザーにはとてもおすすめなツールとなっています。

- Google Cloud料金計算ツール
  https://cloud.google.com/products/calculator/

2.8.7　例を使ったGCP利用料の試算

　本項では、実際に1ヶ月（30日）にかかるGCP利用料の試算を行ってみます。試算を行うシステムの構成は、図2.8-1を想定します[注5]。また、構築するシステムは、以下の要件を備えているものとします。

- 月間100万PV
- 1PV当たり0.2MBのコンテンツダウンロード

注4　送信先の国によって課金単位が変わります。詳しくは次のURLを参考にしてください。
https://cloud.google.com/compute/pricing#internet_egress
注5　試算を分かりやすくするため、システム構成はシンプルな階層で定義しています。図で示すWebサーバーは、アプリケーションサーバーの機能も備えているものとします。

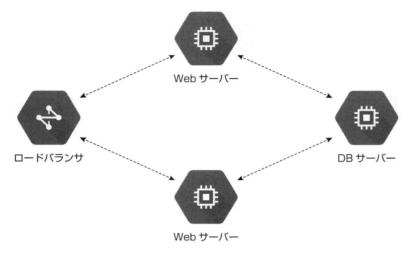

図 2.8-1　GCP 利用料試算のためのシステム構成例

料金試算

図 2.8-1 のシステム構成で 1 ヶ月にかかる利用料を試算した場合の計算結果は、表 2.8-3 のとおりです（1 ドル 120 円想定）[注6]。本書では、GCP の料金表を元に利用料の試算を行いましたが、実際に GCP 料金の試算を行う場合は、前項で紹介した GCP 利用料計算ツールのご利用をおすすめします。

表 2.8-3　GCP 利用料の試算例

試算項目	説明	結果
Web サーバー料金	リージョンが Asia/Pacific、マシンタイプが「n1-standard-4（OS: Linux ／ vCPUs: 4 ／メモリ: 15GB）」のインスタンス 1 台の 1 ヶ月の料金は次のとおり。 $0.156/ 時間 × 24（時間）× 30（日）= $112/ 月 このサーバーを 2 台使う際の料金を想定する場合、試算は次のとおり。 $112/ 月 × 2（台）× 120（円）= 26,880 円	26,880 円

（次ページへ続く）

注6　GCP の利用料は年々下がっているため、本書を購入した時点でさらに単価が下がっている可能性があります。そのため、上記の表はあくまで試算方法の参考として確認してください。

表2.8-3　GCP利用料の試算例（続き）

試算項目	説明	結果
DBサーバー料金	リージョンがAsia/Pacific、マシンタイプが「n1-standard-2（OS: Linux ／ vCPUs: 2 ／メモリ: 7.5GB）」のインスタンスを1台使う際の料金を想定する場合、試算は次のとおり。 $0.078/時間 × 24（時間）× 30（日）× 1（台）× 120（円）= 6,720円	6,720円
データ転送料金	データ転送量が200GB（0.2MB × 100万PV）とすると、トラフィック料金の単価は$0.12/GBとなるため、データ転送料金の試算は次のとおり。 200（GB）× $0.12 × 120（円）= 2,880円	2,880円
ロードバランサ料金	ロードバランサの単価は$0.025/時間となるため、1ヶ月の料金は次のとおり。 $0.025 × 24（時間）× 30（日）= $18 さらに転送量に対しての課金は次のとおり。 $0.008 × 200（GB）= $16 よってロードバランサにかかる利用料金は次のとおり （$18 + $16）× 120（円）= 4,080円	4,080円
合計		40,560円

2.9 セキュリティ

GoogleはGCPのセキュリティについて、ホワイトペーパー[注7]を公開しています。GCP各サービスのセキュリティやコンプライアンスに対するアプローチについては、このホワイトペーパーから確認することが可能です。さらに、ホワイトペーパーにはGoogle社員のセキュリティ意識からデータセンターの物理的・技術的な管理まで、様々な観点からGoogleが行っているセキュリティ対策が記載されています。

また、Googleはセキュリティ、プライバシー、コンプライアンス統制についての保証を提供するために、国際的に認められた監査機関による第三者監査を毎年定期的に受けています。Googleがサポートしている第三者認証は、以下のとおりです。

2.9.1 SSAE16 / ISAE 3402 TypeⅡ

SOC 2、SSAE16監査の国際版が、ISAE 3402 TypeⅡに当たります。これらの監査を使用し、サービスに対するデータ保護の文書化と検証を行っています。

ISAE3402（国際保証業務基準3402）とは、委託会社の財務諸表に関連する業務（信託財産運用・保管、給与計算、ITアウトソーシングなど）を受託した会社の依頼に基づき、監査人がその受託業務に関する内部統制について評価し、報告書を作成するための基準として国際会計士連盟（IFAC）が定めたものです。タイプ2の報告書の評価対象は、受託会社のシステムの記述書ならびに記述書に記載の統制目的に関連する内部統制のデザインおよび運用状況です。ISAE3402/SSAE16/86号報告書は、日本では信託銀行、生命保険会社、投資運用会社、システム会社、人事関連アウトソーシング会社などで数多く作成されています。

2.9.2 SOC 2 / SOC 3

SOC報告書は、ある特定の業務を企業（受託会社）が外部者から受託、提供する場合に、当該業務に係る受託会社における内部統制の有効性について、監査法人や公認会計士が独立した第三者の立場から客観的に検証した結果を記載したものです。報告書では、一定の基準や

注7 ホワイトペーパーの詳細については、次のURLを参考にしてください。
https://cloud.google.com/security/whitepaper

ガイダンスに基づく合理的な保証（絶対的ではないものの、相当程度に高いレベルでの意見）が表明されます。SOC 2／SOC 3は、下記のいずれかに関する内部統制の状況の理解を目的としています。

- セキュリティ：システムが（物理的、論理的双方の）未承認のアクセスから保護されている。
- 可用性：システムは、コミットあるは合意したとおりに操作でき、かつ利用できる。
- 処理のインテグリティ：システム処理は完全、正確、タイムリーかつ承認されている。
- 機密保持：機密として設定された情報が、コミットあるいは合意したとおりに保護されている。
- プライバシー：個人情報が、企業のプライバシー通知におけるコミットメントおよびAICPA／CICAが発行した「一般に公正妥当と認められるプライバシー原則」に従って、収集、利用、維持、開示および廃棄されている。

2.9.3 ISO 27001

ISO 27001は、ISO 27002のベストプラクティスガイダンスに従い、セキュリティ管理のベストプラクティスと包括的なセキュリティ制御を規定したセキュリティ管理標準規格です。これは国際的に幅広く認知されているセキュリティ標準です。

GoogleはGoogle Cloud Platformを提供するシステム、アプリケーション、人、技術、プロセス、データセンターに対して、ISO 27001の認証を取得しています。

2.9.4 FISMA Moderate

Googleは、Google App Engineに対するFISMA Moderate認可を受けています。FISMA Moderate認証は、アメリカ国立標準技術研究所（NIST）により詳細に規格されたセキュリティ基準に基づき、広範囲のセキュリティの設定やコントロールについて対応することを要求しています。

2.9.5 PCI DSS v3.0

PCI DSS（Payment Card Industry Data Security Standard）とは、加盟店・決済代行事業者が取り扱うカード会員のクレジットカード情報、取引情報を安全に守るために、VISA、JCB、MasterCard、American Express、Discoverの国際ペイメントブランド5社が共同で策

定した、クレジット業界におけるグローバルセキュリティ基準です。機密性の高いデータのセキュリティを確保する上で、最も重要なベースラインの1つとして広く認知されています。v3.0では、侵入テスト要件など12件の要件について変更が加えられ、さらに基準が厳しくなっているようです。

2.9.6 HIPAA

　Googleは、顧客がHIPPAの規制用件を満たす必要があるデータもサポートできるよう、事業提携契約（BAA）を締結しました。GCPは、米国における医療保障の相互運用性と説明責任に関する法令（HIPAA）の対象となる事業体とその取引先が、安全なGCP環境を活用して、保護された医療情報を処理、管理、保存できるようにしています。GCPの事業提携契約（BAA）は、Compute Engine、Cloud Storage、CloudSQL、およびBigQueryに対応しています。

2.10 参考資料

　GCPを学習するにあたり、参考になる情報を以下にまとめました。すでに日本語でもかなりの情報がありますので、GCPの学習に興味がある方はぜひ参考にしてください。また、GCPにはユーザー会も存在しますので、興味がある方はぜひそちらにもご参加ください。

表2.10-1　GCPのリンク集

内容	URL
GCPのドキュメント全般	https://cloud.google.com/docs/
GitHubに公開されているGCP関連のサンプルプログラム	https://github.com/GoogleCloudPlatform
StackOverflow上で主に利用されているGCP関連のタグ	-GAE http://ja.stackoverflow.com/questions/tagged/google-app-engine
	-GCE http://ja.stackoverflow.com/questions/tagged/google-compute-engine
	-BigQuery http://ja.stackoverflow.com/questions/tagged/google-bigquery
	-Cloud Storage http://ja.stackoverflow.com/questions/tagged/google-cloud-storage
Google Cloud Platform Blog（GCPの技術情報を配信しているGoogle公式ブログ）	https://cloudplatform.googleblog.com/
Google Cloud Platform Japan Blog（GCPの技術情報を配信している日本語版Google公式ブログ）	http://googlecloudplatform-japan.blogspot.jp/
GCP周りの技術ブログ	http://www.apps-gcp.com/

表2.10-2　GCPのユーザー会

コミュニティ名	内容	リンク
GCPUG	Google Cloud Platformを普及させることを目的に立ち上げられたユーザーグループ。初心者から上級者まで幅広く参加している。各支部もあり、日本全国で勉強会やSlack上での活発な意見交換がなされている。	https://gcpug.jp/
gcp ja night	GCPUGと比較すると経験者向けのユーザーグループ。立ち上げ当初はgae ja nightという名称で活動していた。	http://gcpja.connpass.com/

✓ ここがポイント

GCPUGのSlackは、次のURLから参加可能です。初心者向けのチャンネルから機械学習や個別のプロダクトについて深く議論しているチャンネルまで様々ですので、ぜひ参加してみてください。
https://goo.gl/tXfvpL

第3章

GCPの基本サービスを学ぼう

　本章ではGCPにおける基本サービスである、Compute Engine、Cloud Storage、App Engine、BigQuery、Cloud SQLの5つのサービスについて深く説明します。まずはクラウドの基本サービス群であるこれらのサービスについて把握することが第一歩ですので、ここから押さえてください。

3.1 Google Compute Engine(GCE)

　Google Compute Engine（GCE）は、あらゆるサービスの基本になると言ってもよい、仮想マシン（コンピュートリソース）の提供サービスです。一般によく言われるIaaSのレイヤーを提供し、OS以上のレイヤーにおいて基本的に自由にユーザーが操作可能になります。Webサーバーなどのミドルウェアをインストールして Web サイトを公開したり、Hadoop などの分散処理環境を構築することも可能です。IaaSサービスになるので自由に操作可能である一方、当然ですがOSのパッチ適用やミドルウェアなどを自前で導入・メンテナンスする必要があります。

3.1.1 概要

　GCEは、一般的なパブリッククラウドにおけるIaaSが持つ特徴として、クリック1つですぐに利用可能で、仮想マシンが動作するのに必要なバックアップ、監視、ネットワーク、データセンターなどの周辺コンポーネントが一式揃っており、物理的なハードウェアレイヤーは全く意識する必要がないというレベルについては、十分機能は満たしています。第2章にあるように、利用規約に同意してクレジットカードの登録などのハードルさえ乗り越えれば、誰でも数分で仮想サーバーを立ち上げて自由に使えるようになります。

　ではGCEは、ほかにあるIaaSと何が違うのでしょうか。いくつか特徴を挙げながら説明します。

▌高性能でスケーラブルな仮想マシン

　まずは、何と言ってもGoogleならではの高性能でスケーラブルな仮想マシンが利用可能であるという点です。同一の価格帯のインスタンスの場合、倍近い性能が出る場合もあります。また、数百台・数千台といった規模でのインスタンス起動においても、数分で起動することができます。1台程度の場合は、最速40秒程度で起動します（Windowsでは数分かかる場合があります）。

▌費用対効果に優れた料金体系

　GCEの課金の特徴として、大きく分けて以下の3点があります。

① 1秒単位の課金
② ストレージのI/O課金なし
③ 継続利用割引

　1点目の1秒単位の課金と高速な起動、スケールという性質によって、短期間に大量のインスタンスで一気に処理をさせるような場合には、非常に費用対効果が上がります。特にレンダリングや数値計算、コンパイルなどの処理の領域で事例が増えてきています。

　2点目のI/O課金なしによって、費用の想定が非常に簡易になります。使ってみないと分からないのはアウトバウンドのデータ量くらいですが、こちらはディスクI/Oよりは見積もりやすいでしょう。

　3点目の継続利用割引により、1ヶ月間ずっと利用している場合には3割引になります。これはGoogleがロックインをよしとしないことから事前の前払い費用などはなく、自動的に行われます。課金についての詳細は、第2章の「2.8　課金について」を参照してください。

LiveMigration（ライブマイグレーション）による透過的なメンテナンス

　GCEでは「LiveMigration」という機能により、仮想マシンが稼働し続けたまま別のハードウェアホスト上に移動することが可能です。これは別のホスト上にデータをメモリも含めて事前にコピー・同期を行い、一瞬だけ停止してIPを移動する、というような形で実現されます。これにより、Google都合での仮想マシンの再起動が発生しません。セキュリティ上インパクトの大きい低レイヤーのライブラリに問題が見つかった場合や、Googleの新しいアーキテクチャによる高速化などの改善施策がタイムリーに、仮想サーバー側に影響を与えずに適用されます。ユーザーにとっては再起動によるサービス停止などの計画をする必要がなく、ユーザー側からは特に意識することも操作することもできないですが、非常に好評な機能です。

ネットワーク性能とグローバルロードバランサ

　GCEでは同一ゾーン、リージョン内では、vCPUコア当たり2Gbits/秒の帯域が利用可能（最大16Gbits）です。これはインスタンスタイプに依存しません。遅延は0.4ミリ秒です。リージョン間も、YouTubeを流している帯域の中でGoogleの先進技術をベースにした通信が行えるため、非常に高速です。GCEのネットワークは、グローバルに構築されたGCPのネットワーク基盤上に仮想的なプライベートネットワークが展開されるため、デフォルトでリージョン間をまたぐ通信がプライベートに行われる環境が提供されます。また、ロードバランサがそ

の上に配置可能なため、リージョンをまたぐグローバルなロードバランサが数クリックで構築可能です。また、ロードバランサの性能もGoogle.comと同等のものであるため、100万同時アクセスを瞬時に捌くことができます。これらはほかのクラウドベンダーでは、なかなか真似できないことでしょう。

■セキュリティ

Googleはセキュリティに関する報奨金制度を立ち上げた世界で最初の企業であり、750人のセキュリティ専任技術者が在籍し、日々研究を行っています。そんなGoogleは物理的なデータセンターのレイヤーからOS／ソフトウェアレイヤー、運用保守担当者の選別まで、あらゆるレイヤーで徹底的なセキュリティ対策を行っています。大規模なクラウド事業者になると、どこでもある程度のレベルでは実施していると思いますが、その中でもGoogleはトップレベルです。

詳細は、以下のURLを参照してください。
https://cloud.google.com/security/

また、第三者認証も豊富に取得しています。

■カーボンニュートラル

Googleのデータセンターは、一般的なデータセンターの電力使用量の約半分しか電力を使用しません。施設の部分で半分なのではなく、サーバーでの利用分も含めて半分なのです。一般的なデータセンターでは、サーバーと施設の電力使用量がだいたい半々と言われています。サーバーに必要な電力はほぼ変わらないと思われますが、カスタムのハード／ソフトを利用することで、一般的なアーキテクチャと比べて少しだけ下げられています。そして、その下がった分だけの電力で、施設に必要な電力を賄えるレベルになっています。GoogleのデータセンターのPUEは1.12です。

また、それだけに留まらず、電力のグリーン化として自然エネルギーを積極的に活用したり、CO_2排出量削減事業に投資することで、自社で利用している分の排出量を賄っているため、Google全体としてはカーボンニュートラルを達成しています。

ほかにもたくさん特徴がありますが、主にこのあたりを押さえておいてください。簡単に言うと、速い・安い・易い・よい・安心・エコと何でも揃っているということになります。

3.1.2 GCEの仕組み

GCEを操作する前に、次の3つの要素を理解しましょう。リソース、性能、コストです。

GCEのリソース

GCEを含め、GCPでは基本的に何らかの資源をリソースと呼び、それを作成することでその資源を利用できるようにするという考え方がベースにあります。

例えば、GCEで、

仮想マシンを立ち上げてサーバーを起動する

ということをしたいと考えた場合、

VMインスタンスというリソースを作成（create）する

という操作を行うことになります。このとき、内部的にはディスクやIPアドレスなどのリソースも同時に作成されて、VMインスタンスに紐付けて割り当てされることになります。

GCEでは、すべてのサービス資源を「リソース」として管理しています。

各リソースの関係

GCEにおける各リソースとその関係性について理解していきます。表3.1-1に、GCEに関係するリソース群についての関係性を整理します。

表3.1-1　GCEにおける各リソースと関係性

リソース名称	地理依存	内容
VMインスタンス	ゾーン	GCEのサーバーそのもの。CPU、メモリ、IPアドレス、ディスクを専有する。イメージ、スナップショット、既存ディスクを指定して起動することが可能。
イメージ	なし	VMインスタンスを起動する元となるもの。ディスクかCloudStorageのディスクイメージから生成可能。

（次ページへ続く）

表3.1-1　GCEにおける各リソースと関係性（続き）

リソース名称	地理依存	内容
インスタンスグループ	リージョン	インスタンスを複数まとめたものでロードバランサのターゲットとしたり、オートスケールしたりできる。リージョンに依存し、マルチゾーンか特定ゾーンかは指定可能。
インスタンステンプレート	なし	インスタンスグループをオートスケールする際に必要で、起動イメージや各種のインスタンス起動に必要な設定を事前定義したもの。
ディスク	ゾーン	インスタンス起動時には必ず独立して必要になる。書き込み可の場合はインスタンスと1対1に限定されるが、読み込みのみの場合は複数インスタンスで同時にマウント可能。1インスタンスに対して複数ディスクは可能（標準で16個まで）。
スナップショット	なし	ディスクから生成される。主にバックアップ用途。リージョン間のデータ移動などにも利用可能。
バックエンドサービス	リージョン／グローバル	負荷分散機能（ロードバランサ）のターゲットとして指定するサービス。複数のインスタンスやインスタンスグループを指定可能。
負荷分散	リージョン／グローバル	HTTP（S）負荷分散、TCP負荷分散、UDP負荷分散とあり、HTTP（S）負荷分散についてはグローバルなIPを指定し、リージョンまたぎの負荷分散構成を取ることが可能。
IPアドレス	リージョン／グローバル	静的グローバルIPアドレスを取得することが可能。エフェメラル（廃棄時に自動的になくなる）も可。リージョナルとグローバルが取得可能だが、グローバルなIPはHTTP（S）負荷分散装置とセットでしか使えない。

※ 地理依存とは、そのリソースがどの地理レベルで管理されるものかを表します。ゾーンレベルで管理されているものはゾーン内でしか利用できません。

　上記の各リソースの相関関係を表したものが、図3.1-1となります。

3.1 Google Compute Engine（GCE）

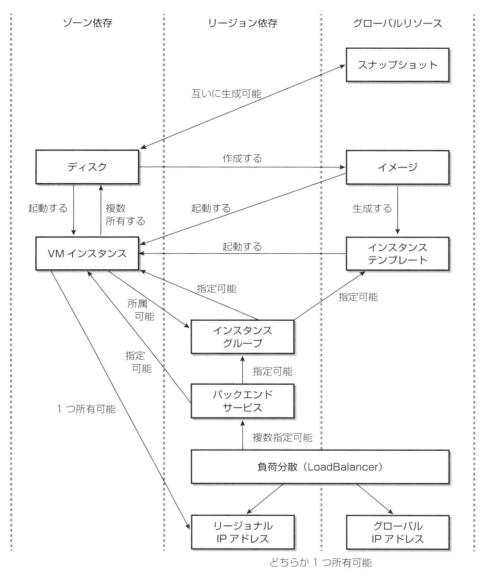

図3.1-1　各リソースの相関関係

　インスタンスグループは、既存の起動されたインスタンスをいくつか指定して固定で設定するか、インスタンステンプレートを指定して動的に生成するかを選択できます。
　バックエンドサービスからも、インスタンスグループを経由してインスタンスを指定したり、個別のインスタンスを指定することも可能です。

▍性能とコストの関係
GCEにおける課金について
　GCE利用時における課金は、コア、メモリの利用時間に対する課金、ネットワーク転送費用、IPアドレスの確保に関する課金、ストレージ利用料に対する課金がすべてになります。

　この中で性能に影響があるのは、コア、メモリの選択とストレージの種別、vCPUコア数で向上するネットワーク性能になります。

　したがって、GCEにおける性能向上の施策としてGCPの世界で実施できることは、以下の4点のみと言えます（もちろん、OSレイヤー以上で実現するチューニングは別途可能です）。

① リージョン、ゾーンを近い場所や性能の高い場所に変更する。
② 負荷分散などを行い、台数を増やす（スケールアウト）。
③ 単体サーバーのコア、メモリを増強する（スケールアップ）。
④ ストレージの種別、容量を変更する（スケールアップ、種別変更）。

①リージョン、ゾーンを近い場所や性能の高い場所に変更する
　第2章でも説明しましたが、リージョンやゾーンによってインスタンスの価格・性能・レスポンスタイム（リクエスト元との距離によるもの）に違いがありますので、そのシステムに適した場所にサーバーを変更することで性能改善を図ることが可能です。最もクラウドらしい解決策の1つと言えるかもしれませんが、特定のボトルネックがうまく合致するケースなどでなければ、大きな改善を期待するのは難しいでしょう。

②負荷分散などを行い、台数を増やす
　これは非常に一般的な解決策の1つです。当然、台数が増えたら増えた分だけ、また、ロードバランサを利用すると追加のコストが発生しますが、冗長化も含めてマルチゾーンで複数台構成にすることは最も基本的な推奨構成と言えます。

③単体サーバーのコア、メモリを増強する
　これも非常に一般的な解決策の1つです。停止は必要になりますが、同じディスクからすぐに変更して試すことができます。コアとメモリを倍にすると、コストはほぼ倍になります。最も簡単で費用対効果の見込みが簡単なチューニングでしょう。GCEではカスタムマシンイメージとして、プリフィクスではなく自由にコアとメモリのサイズを（一定の範囲で）カスタマイズできるので、バランスのよいコア、メモリにすることが可能です。また、ネットワー

ク性能を向上させるためにも、コア数の増強は効果があります（vCPU当たり2Gbit/秒）。

④ストレージの種別、容量を変更する

GCEに直接マウント可能な各種ストレージについては、表3.1-2のとおり性能差が存在します。

表3.1-2　GCEに直接マウント可能なストレージ

種別	概要	読み取り IOPS	読み取り (MB/s)	書き込み IOPS	書き込み (MB/s)
ローカルSSD	375GB固定で8本までの揮発性高速ディスク[注1]	100,000	-	70,000	-
SSD永続ディスク	1G単位で可変、500GBの場合	15,000	240	15,000	240
標準永続ディスク	1G単位で可変、500GBの場合	375	60	750	60

　ローカルSSDは、インスタンスが停止して別の物理サーバー上で起動した場合などにはデータがなくなってしまいますので、定期的なバックアップが必要ですが、圧倒的な性能を提供します。また、標準のSSD、HDDについては、データ容量に応じて性能がリニアに向上します（上限あり）。そのため、上記の10分の1のストレージサイズにすると性能も10分の1になります。SSDについては、表3.1-2の500GBが上限で、最大60TBまでサイズ自体は増やせますが、性能は向上しません。

　HDDについては、各パラメータによって性能上限のサイズが異なります。ディスクのサイズ指定時に確認できますので、注意しましょう。

注1　SCSIの場合は上表のとおりですが、NVMeの場合は読み取りIOPS17万、書き込みIOPS9万となります（インスタンスイメージが特定のものか、自前でNVMe対応したものに限られます）。

図3.1-2　ディスクのパフォーマンス

　SSDを利用する場合、ディスクサイズによる性能向上以外に、vCPUコア数により性能が向上します。表3.1-3は、500GBのSSDを使用した場合の性能の変化です。

表3.1-3　vCPUコア数と性能の関係例

インスタンスの vCPUコアの数	持続的ランダムIOPS 読み取り	書き込み	持続的スループット（MB/秒） 読み取り	書き込み
15以下	15,000	15,000	240	240
16～31	25,000	25,000	480	240
32以上	40,000	30,000	800	400

データベースなどのI/O性能に依存するワークロードを検討する場合は、SSDを利用しvCPUコア数を増やすことで、I/O性能を向上させることができる点も考慮に入れるとよいでしょう。

GCEにおいては、基本的にディスクのサイズを大きくするとそれに応じてリニアに性能が向上する点と、種類がいくつかある点を押さえておいてください。

▍性能とコストのまとめ

とにかくGCE（GCP全般に言えることですが）では、使ったら使った分だけコストがかかります。性能のよいマシンを確保すれば、その分だけコストがかかります。ですので、性能の問題が発生する場合は、ボトルネックがどこにあるか（ディスク、メモリ、CPUなど）を見極めることが大切です。そして、適切なリソースを必要な範囲で割り当てればよいのです。

▍一般的な注意事項
①LiveMigrationと再起動設定について

GCEでは、インスタンスをホストしているハードウェアや低レイヤーのソフトウェアに問題が発生した場合にhostErrorが発生し、再起動される場合があります。これは低確率ではどうしても発生してしまうため、避けることができません。その場合は、次のようにログがオペレーションログに記載されます。インスタンスの設定で、hostError発生時に再起動するかどうかの設定が可能です（デフォルトは再起動あり）。

```
compute.instances.hostError
```

詳細については、次のFAQを参考にしてください。
https://cloud.google.com/compute/docs/faq#hosterror

また、LiveMigration発生時には再起動も起こらないため、ログを確認するくらいしか発生したことを検知するのが難しいですが、以下のようにログが残ります。

また、On host maintenance時にLiveMigrationが発生した場合については、次のイベントが発生します。

```
compute.instances.migrateOnHostMaintenance
```

詳細については、次のURLを参考にしてください。
https://cloud.google.com/compute/docs/instances/setting-instance-scheduling-options#live_migrate

②メール送信について

　GCPでは、メール送信にあたってはデフォルトのままでは利用できません。それは外部へのTCPポートである25、465、587番ポートでの接続が、基本的に許可されていないためです。これはメール送信の乱用や踏み台にされてしまうことを防止するためで、昨今一般的になりつつある措置です。したがって、SendGridなどの外部サービスを使うことを求められますので、注意してください。具体的にメール送信が必要な場合は、「3.1.3　基本的な操作」の「メール送信を行う」を参照してください。

3.1.3 基本的な操作

　GCE関連でよく問い合わせのある、基本的な操作方法について具体的に例示します。サンプルコマンドなどはすべて以下の環境を想定していますが、すべて読者の皆さんの環境に当てはめて読み替えることで動作します。

表3.1-4　サンプルコマンドの環境例

GCPのデータ項目	サンプルの値
プロジェクトID	gcp-kyokasyo
ユーザー	demo@cloud-ace.jp
リージョン	asia-east1-a

▌既存のインスタンスの複製

　既存のインスタンスを複製する場合、いくつか方法があります。ディスクを複製して起動する方法、スナップショットを作成してそこから起動する方法、イメージ化してから作成する方法などがありますが、最も簡単なスナップショットを作成して複製する方法をご紹介します。

　手順としては以下の3ステップです。

① ディスクのスナップショットを取得
② スナップショットからインスタンスの起動
③ グローバルIPアドレスの付け替え（オプション）

3.1 Google Compute Engine（GCE）

> **✓ここがポイント**
> インスタンス詳細画面の右上にある「クローン」は、インスタンス作成時の各種設定などをそのまま複製してくれるだけで、データ自体は複製しませんので、注意してください。

①ディスクのスナップショットを取得

　左メニューから「ディスク」を選択し、その中の複製したいサーバー名のディスクをクリックすると、図3.1-3のようにディスクの詳細画面になります。この画面では切れていますが、右上にある「スナップショットを作成」をクリックして、図3.1-4のようにスナップショットを作成します。

図3.1-3　ディスク画面

図3.1-4　スナップショット画面

　名称だけ入れて、「作成」ボタンを押下すれば作成できます。ここでは、スナップショットの名称は「snapshot-for-clone」としています。

　同様のコマンドラインは以下のとおりです（管理コンソールからは日本語が使用できますが、gcloudコマンドではdescriptionに日本語が使用できないので、以下では英語にしてあります）。

```
demo@gcp-kyokasyo:~$ gcloud compute disks snapshot instance-1 --zone asia-east1-a
 --description "snapshot description sample" --snapshot-names snapshot-for-clone
Created [https://www.googleapis.com/compute/v1/projects/gcp-kyokasyo/global/
snapshots/snapshot-for-clone]
```

②スナップショットからインスタンスの起動

　左メニューで「VMインスタンス」から「インスタンスを作成」をクリックし、図3.1-5のようにブートディスクを選択します。

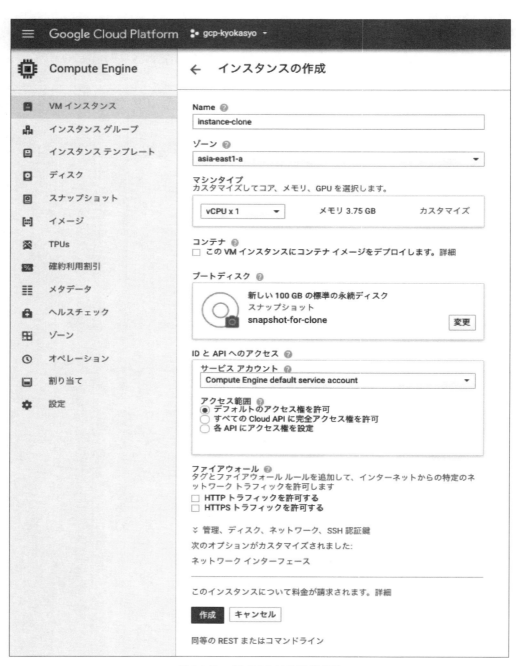

図3.1-5　インスタンスの作成画面

ブートディスクの「変更」をクリックすると、図3.1-6のようになります。デフォルトは「OSイメージ」タブになっていますが、「スナップショット」タブを選択すると、先ほど作成したスナップショットがあるはずですので、これを選択してください。

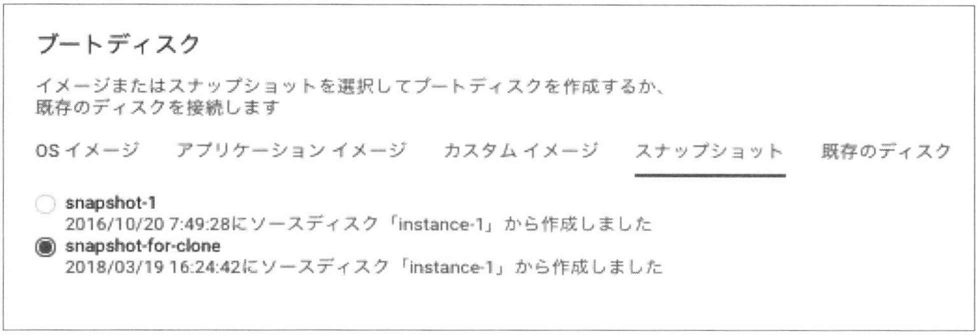

ブートディスク

イメージまたはスナップショットを選択してブートディスクを作成するか、既存のディスクを接続します

OSイメージ　　アプリケーションイメージ　　カスタムイメージ　　スナップショット　　既存のディスク

○ snapshot-1
　2016/10/20 7:49:28にソースディスク「instance-1」から作成しました
● snapshot-for-clone
　2018/03/19 16:24:42にソースディスク「instance-1」から作成しました

図3.1-6　ブートディスク変更画面

後はスペックなどを選んで、「作成」ボタンを押下すればOKです。これで、スナップショット時点のデータで複製したインスタンスが起動します。

同様のコマンドラインは、以下のとおりです。

```
demo@gcp-kyokasyo:~$ gcloud compute disks create "instance-clone" --size "10" --zone "asia-east1-a" --source-snapshot "snapshot-for-clone" --type "pd-standard"
WARNING: You have selected a disk size of under [200GB]. This may result in poor I/O performance. For more information, see: h
ttps://developers.google.com/compute/docs/disks#pdperformance.
Created [https://www.googleapis.com/compute/v1/projects/gcp-kyokasyo/zones/asia-east1-a/disks/instance-clone].
NAME            ZONE          SIZE_GB  TYPE         STATUS
instance-clone  asia-east1-a  10       pd-standard  READY
New disks are unformatted. You must format and mount a disk before it
can be used. You can find instructions on how to do this at:
https://cloud.google.com/compute/docs/disks/add-persistent-disk#formatting


demo@gcp-kyokasyo:~$ gcloud compute instances create instance-clone --zone "asia-east1-a" --disk "name=instance-clone,device-n
ame=instance-clone,mode=rw,boot=yes"
Created [https://www.googleapis.com/compute/v1/projects/gcp-kyokasyo/zones/asia-east1-a/instances/instance-clone].
NAME            ZONE          MACHINE_TYPE  PREEMPTIBLE  INTERNAL_IP  EXTERNAL_IP  STATUS
instance-clone  asia-east1-a  n1-standard-1              10.140.0.3   104.199.202.110  RUNNING
```

③グローバルIPアドレスの付け替え（オプション）

　ここまででインスタンス自体は複製されましたが、サービスしているIPアドレスを付け替えたい場合は、付け替えることも可能です。そのためには一度、エフェメラルのIPから静的IPに変更する必要があります。

　三本線のメニューから「ネットワーキング」-「外部IPアドレス」を選択します。図3.1-7のように、IPアドレスが割り当たっている状態です。

図3.1-7　外部IPアドレス画面

　ここで、instance-1に割り当たっている104.199.172.236というIPアドレスを、instance-cloneに割り当てたいとします。その場合、まずは104.199.172.236のタイプをエフェメラルから静的に変更する必要があります。タイプの箇所を選択し、図3.1-8のように「静的」にしてクリックします。

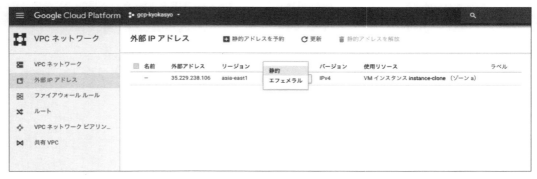

図3.1-8　外部IPアドレスの変更画面(その1)

　そうすると、図3.1-9のようにダイアログが表示されるので、名前を入力します。

3.1 Google Compute Engine（GCE）

図3.1-9 　外部IPアドレスの変更画面（その2）

「予約」ボタンを押下することで、静的IPとしてこのIPを予約することが可能になります。そうすると、このIPの右端に「変更」というボタンが表示されるようになります。「変更」ボタンを押下すると図3.1-10のように変更のダイアログが表示されますので、接続先を複製した「instance-clone」にして、「OK」を押下すると、少し時間がかかりますがIPアドレスが新しいインスタンスに付け替わります。

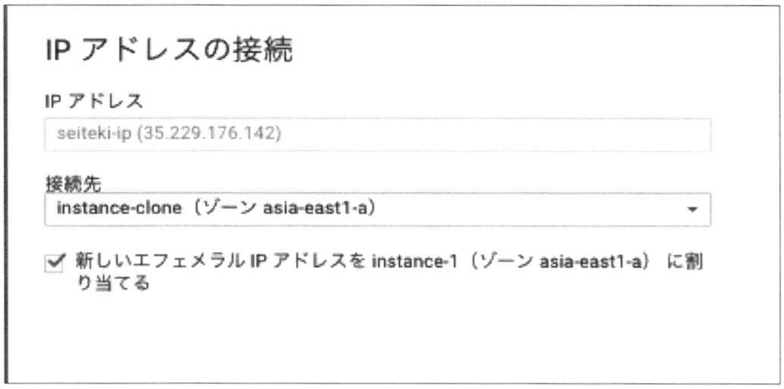

図3.1-10 　外部IPアドレスの変更画面（その3）

この操作は数秒で終わりますが、一度割り当てを解除することになるため、無停止で付け替わることが必要な場合には適しません。その場合はロードバランサを頭に付けるなど、工夫する必要があります。

コマンドラインは以下のとおりです。IPを変更して静的にinstance-1、instance-cloneのどちらも一旦IPを剥奪し、instance-1に割り当たっていたIPをinstance-cloneに割り当てる順番でコマンドを発行します。

81

```
demo@gcp-kyokasyo:~$ gcloud compute addresses create seiteki-ip --addresses
104.199.172.236    --region asia-east1
Created [https://www.googleapis.com/compute/v1/projects/gcp-kyokasyo/regions/asia-
east1/addresses/seiteki-ip].
---
address: 104.199.172.236
creationTimestamp: '2016-10-09T22:23:33.503-07:00'
description: ''
id: '7727411110073506618'
kind: compute#address
name: seiteki-ip
region: asia-east1
selfLink: https://www.googleapis.com/compute/v1/projects/gcp-kyokasyo/regions/asia-
east1/addresses/seiteki-ip
status: IN_USE
users:
- asia-east1-a/instances/instance-1

demo@gcp-kyokasyo:~$ gcloud compute instances delete-access-config instance-clone
--access-config-name "External NAT" --zone asia-east1-a
Updated [https://www.googleapis.com/compute/v1/projects/gcp-kyokasyo/zones/asia-
east1-a/instances/instance-clone].
demo@gcp-kyokasyo:~$ gcloud compute instances delete-access-config instance-1
--access-config-name "External NAT" --zone asia-east1-a
Updated [https://www.googleapis.com/compute/v1/projects/gcp-kyokasyo/zones/asia-
east1-a/instances/instance-1].
demo@gcp-kyokasyo:~$ gcloud compute instances add-access-config instance-clone
--access-config-name "External NAT" --address 104.199.172.236 --zone asia-east1-a
Updated [https://www.googleapis.com/compute/v1/projects/gcp-kyokasyo/zones/asia-
east1-a/instances/instance-clone].
```

　注意点として、スナップショットのバックアップ全般に言えることですが、起動中のサーバーのスナップショットの一貫性については、OSレイヤーなどで制御を行わないと厳密には担保されません。厳密な複製が必要な場合は、一旦サーバーを停止した上で行うことをおすすめします。

■ サーバーのスペック（CPU・メモリ）変更

GCEでは、サーバーのCPU・メモリの変更は一度停止が必要になりますが、再起動程度の時間で変更することが可能です。

手順としては、以下のとおり非常にシンプルです。

① インスタンスを停止する
② スペックを変更して起動する

①インスタンスを停止する

インスタンスを停止するには、SSHなどでサーバーに入って停止コマンドを送る方法が最も確実ではありますが、厳密性を求めない場合は画面などから行うことも可能です。インスタンス詳細画面やインスタンス一覧からチェックを入れると、右上の「停止」ボタンが押下可能になるので、そちらから停止します。

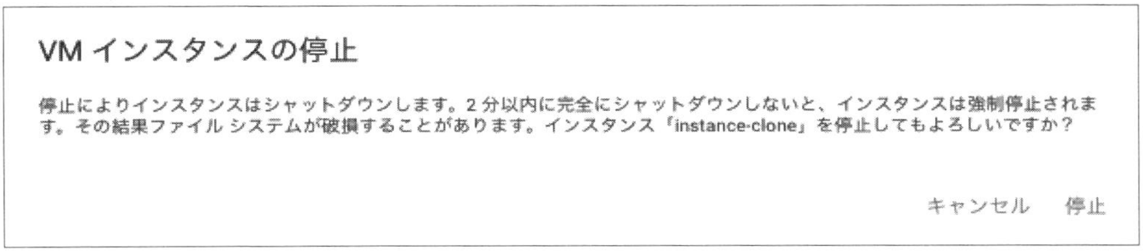

図3.1-11　VMインスタンスの停止確認画面

図3.1-11のような注意が出るので、確認して停止します。

②スペックを変更して起動する

インスタンスを停止すると、インスタンス詳細画面で図3.1-12のように「編集」と「起動」が有効になります。

図3.1-12　VMインスタンスのスペック変更画面(その1)

「編集」ボタンを押下することで、スペックが変更できるようになります。

3.1 Google Compute Engine（GCE）

図3.1-13　VMインスタンスのスペック変更画面（その2）

変更したいスペックを選択し、最下部の「保存」を押下して保存します。その後、「起動」で起動すればスペック変更完了です。慣れれば1分程度で十分作業可能でしょう。

コマンドラインでは、以下のようなコマンドで実現可能です。

```
demo@gcp-kyokasyo:~$ gcloud compute instances stop instance-1 --zone asia-east1-a
Updated [https://www.googleapis.com/compute/v1/projects/gcp-kyokasyo/zones/asia-east1-a/instances/instance-1].
demo@gcp-kyokasyo:~$ gcloud compute instances set-machine-type instance-1 --zone asia-east1-a --machine-type g1-small
Updated [https://www.googleapis.com/compute/v1/projects/gcp-kyokasyo/zones/asia-east1-a/instances/instance-1].
demo@gcp-kyokasyo:~$ gcloud compute instances start instance-1 --zone asia-east1-a
Updated [https://www.googleapis.com/compute/v1/projects/gcp-kyokasyo/zones/asia-east1-a/instances/instance-1].
```

ディスクの追加

GCPではディスクの追加も非常に容易に行えます。こちらは無停止でできます。以下、OSに依存する部分はDebian GNU/Linux 8（jessie）を採用しています。

手順としては、下記のとおり非常にシンプルです。

① ディスクを作成して、インスタンスに割り当てる
② OSからマウントする

では具体的に見ていきます。

①ディスクを作成して、インスタンスに割り当てる

インスタンス編集画面から、この2つがほぼ同時に行えます。図3.1-14のように、インスタンスの編集画面の中段くらいに「追加ディスク」の項目があります。こちらで「＋ 項目を追加」をクリックすることで、追加するディスクを選ぶか新規作成ができます。

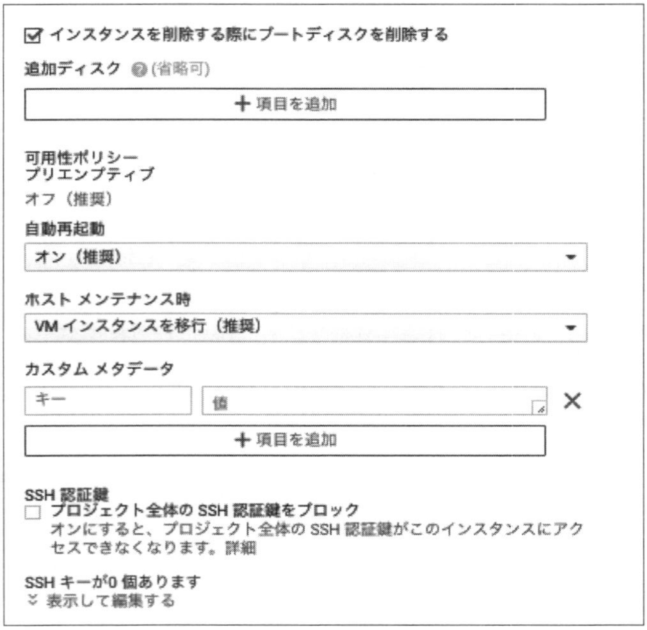

図3.1-14　インスタンスの編集画面

図3.1-15のようにプルダウンを選択すると、すでにあるディスクを選択して追加することも、「ディスクを作成」から新規作成することもできます。

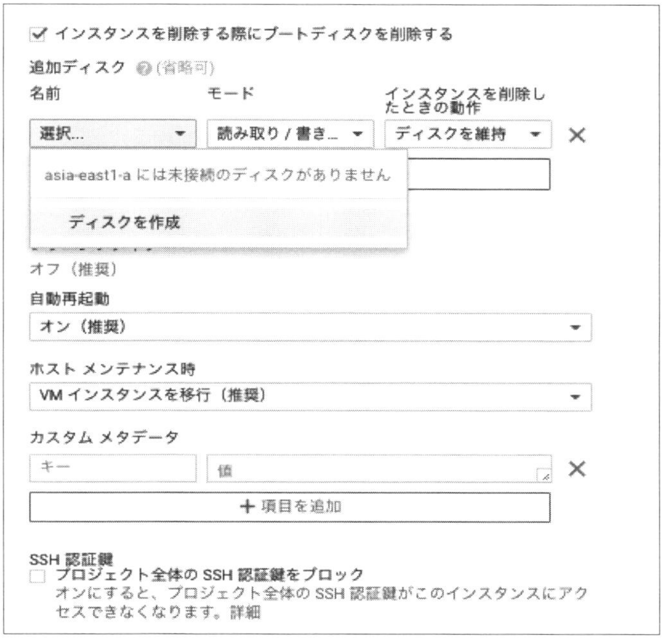

図3.1-15　ディスクの作成画面

「ディスクを作成」を選ぶと、図3.1-16のように新規作成画面が出ますので、任意の値を入力して作成します。

図3.1-16　新規ディスクの作成画面

　ここでは、ソースについては空のディスクを選択します。スナップショットなどからバックアップを復元して、マウントすることもここから可能です。「作成」を押下し、インスタンス編集画面で「保存」を押下することで、インスタンス側から認識されるようになります。

②OSからマウントする

インスタンス側では、先ほど追加した「disk-add-sample」というディスクは、以下のように「/dev/disk/by-id/」以下に、「google-【ディスク名】」という形で見えてきます。

```
demo@instance-1:~$ ls /dev/disk/by-id/
google-disk-1            google-instance-1-part1                  scsi-0Google_
PersistentDisk_instance-1
google-disk-add-sample   scsi-0Google_PersistentDisk_disk-1       scsi-0Google_
PersistentDisk_instance-1-part1
google-instance-1        scsi-0Google_PersistentDisk_disk-add-sample
```

新規のディスクなので、GCEで推奨されている以下のフォーマットオプションを指定したコマンド例でフォーマットします。バックアップなどからのデータを利用したい場合は、ここはスキップしてください。

```
sudo mkfs.ext4 -F -E lazy_itable_init=0,lazy_journal_init=0,discard /dev/disk/by-id/
google-[DISK_NAME]
```

実際の実行結果は、以下のとおりです。ディスクの容量によっては、時間がかかるかもしれません。

```
demo@instance-1:~$ sudo mkfs.ext4 -F -E lazy_itable_init=0,lazy_journal_
init=0,discard /dev/disk/by-id/google-disk-add-sample
mke2fs 1.42.12 (29-Aug-2014)
Discarding device blocks: done
Creating filesystem with 2621440 4k blocks and 655360 inodes
Filesystem UUID: 2a93ba27-a03e-43f7-b967-5ff3ba445625
Superblock backups stored on blocks:
        32768, 98304, 163840, 229376, 294912, 819200, 884736, 1605632
Allocating group tables: done
Writing inode tables: done
Creating journal (32768 blocks): done
Writing superblocks and filesystem accounting information: done
```

最後にマウントします。実行例を以下に示します。

```
demo@instance-1:~$ sudo mkdir -p /mnt/disks/disk-add
demo@instance-1:~$ sudo mount -o discard,defaults /dev/disk/by-id/google-disk-add-
sample /mnt/disks/disk-add/
demo@instance-1:~$ df -k
Filesystem     1K-blocks     Used Available Use% Mounted on
/dev/sda1      10188088   893756   8753764  10% /
udev              10240        0     10240   0% /dev
tmpfs            349068     4584    344484   2% /run
tmpfs            872664        0    872664   0% /dev/shm
tmpfs              5120        0      5120   0% /run/lock
tmpfs            872664        0    872664   0% /sys/fs/cgroup
/dev/sdc       10190136    23028   9626436   1% /mnt/disks/disk-add
demo@instance-1:~$ sudo chmod a+w /mnt/disks/disk-add/
```

　最初にマウントポイントを作っていますが、これは既存のディレクトリでもどこでも大丈夫です。また、最後に書き込み権限を与えています。以上で、任意のマウントポイントに追加のディスクを割り当てることができました。

　コマンドラインは以下のとおりです。②のOSからマウントする部分は同じですので、①のディスクを追加してインスタンスに割り当てる部分のコマンド例を示します。

```
demo@gcp-kyokasyo:~$ gcloud compute disks create disk-add-sample --size "10" --zone
"asia-east1-a" --type "pd-standard"
WARNING: You have selected a disk size of under [200GB]. This may result in poor I/
O performance. For more information, see: https://developers.google.com/compute/docs/
disks#pdperformance.
Created [https://www.googleapis.com/compute/v1/projects/gcp-kyokasyo/zones/asia-
east1-a/disks/disk-add-sample].
NAME              ZONE          SIZE_GB  TYPE         STATUS
disk-add-sample   asia-east1-a  10       pd-standard  READY
New disks are unformatted. You must format and mount a disk before it
can be used. You can find instructions on how to do this at:
https://cloud.google.com/compute/docs/disks/add-persistent-disk#formatting
demo@gcp-kyokasyo:~$ gcloud compute instances attach-disk instance-1 --zone asia-
east1-a --disk "disk-add-sample" --device-name "disk-add-sample"
Updated [https://www.googleapis.com/compute/v1/projects/gcp-kyokasyo/zones/asia-
east1-a/instances/instance-1].
```

　割り当ての際にはデバイス名「device-name」を指定しないと、OS側から見たときにデフォルトの連番のデバイスに見えてしまいますので、ここで必ず指定しましょう（管理コンソール画面から実施した場合には、自動的にディスク名になります）。

3.1　Google Compute Engine（GCE）

補足

起動時に自動でマウントされるようにしたい場合は、以下のように「fstab」にレコードを追加するとよいでしょう。

```
demo@instance-1:~$ echo UUID=`sudo blkid -s UUID -o value /dev/disk/by-id/google-disk-add-sample` /mnt/disks/disk-add ext4 discard,defaults,nofail 0 2 | sudo tee -a /etc/fstab
UUID=b2ed78bb-eb55-4b7f-a9ea-314605563a7a /mnt/disks/disk-add ext4 discard,defaults,nofail 0 2
```

■ ディスクサイズの拡張

GCPでは、ディスクのサイズ拡張はオンラインで実行可能で、サーバーやディスクの停止も必要ありません。以下、OSに依存する部分はDebian GNU/Linux 8（jessie）を採用しています。

手順としては、以下の2ステップで非常にシンプルです。

① ディスクを大きくする
② OSから認識する

①ディスクを大きくする

　ディスクの詳細画面で「編集」ボタンを押下すると、図3.1-17のように容量を変更できるようになっています。ここでは10GBから100GBに変更してみます。

図3.1-17　ディスクサイズの変更画面

「保存」を押下すると、100GBのディスクに変わっています。

②OSから認識する

SSHで当該インスタンスにログインし、root化します。その後、パーティションテーブルの拡張とファイルシステムのリサイズを行うことで実現できます。

具体的な実行例は、以下のとおりです。

```
root@instance-1:/home/demo# parted ---pretend-input-tty /dev/sda resizepart 1 yes 100%
Warning: Partition /dev/sda1 is being used. Are you sure you want to continue?
Information: You may need to update /etc/fstab.

root@instance-1:/home/demo# resize2fs /dev/disk/by-id/google-instance-1-part1
resize2fs 1.42.12 (29-Aug-2014)
Filesystem at /dev/disk/by-id/google-instance-1-part1 is mounted on /; on-line resizing required
old_desc_blocks = 1, new_desc_blocks = 7
The filesystem on /dev/disk/by-id/google-instance-1-part1 is now 26213888 (4k) blocks long.
root@instance-1:/home/demo# df -h
Filesystem      Size  Used Avail Use% Mounted on
/dev/sda1       99G   888M  94G   1% /
```

コマンドラインで行う場合、ログインしているサーバーから実行した例を記載します。gcloudコマンドを当該サーバー自体で実行可能な場合になりますが、以下のとおり無停止で、かつバッチ処理的に3つのコマンドを実行するだけで、「instance-1」というインスタンスから「instance-1」というルートパーティションの増加が可能です。

3つのコマンドは以下のとおりです。

```
gcloud compute disks resize instance-1 --size 100GB --zone asia-east1-a -q
sudo parted ---pretend-input-tty /dev/sda resizepart 1 yes 100%
sudo resize2fs /dev/disk/by-id/google-instance-1-part1
```

上記コマンドをよく見ると、変数になるのは「instance-1」という部分とサイズの「100GB」だけで、ほかは固定で大丈夫です。instance-1はインスタンスをデフォルトで作成するとインスタンス名と同じになりますので、容量監視とセットで自動で拡張するスクリプトを組むことも容易です。

以下が実行例となります。

```
demo@instance-1:~$ sudo resize2fs /dev/disk/by-id/google-instance-1-part1
Updated [https://www.googleapis.com/compute/v1/projects/gcp-kyokasyo/zones/asia-
east1-a/disks/instance-1].
・・・・・・・・・省略・・・・・・
sourceImageId: '9189746108837409181'
zone: https://www.googleapis.com/compute/v1/projects/gcp-kyokasyo/zones/asia-east1-a
demo@instance-1:~$ sudo parted ---pretend-input-tty /dev/sda resizepart 1 yes 100%
Warning: Partition /dev/sda1 is being used. Are you sure you want to continue?
Information: You may need to update /etc/fstab.
demo@instance-1:~$ sudo resize2fs /dev/disk/by-id/google-instance-1-part1
resize2fs 1.42.12 (29-Aug-2014)
Filesystem at /dev/disk/by-id/google-instance-1-part1 is mounted on /; on-line
resizing required
old_desc_blocks = 1, new_desc_blocks = 7
The filesystem on /dev/disk/by-id/google-instance-1-part1 is now 26213888 (4k) blocks
long.
demo@instance-1:~$ df -h
Filesystem      Size  Used Avail Use% Mounted on
/dev/sda1        99G  877M   94G   1% /
udev             10M     0   10M   0% /dev
tmpfs           743M  8.3M  735M   2% /run
tmpfs           1.9G     0  1.9G   0% /dev/shm
tmpfs           5.0M     0  5.0M   0% /run/lock
tmpfs           1.9G     0  1.9G   0% /sys/fs/cgroup
```

　上記サンプルではpartedを利用してパーティションの拡張を行いましたが、fdiskなど、ほかのパーティション拡張ツールを使うことも可能です。また、外部ディスクをパーティションを切らずに使っている場合は省略でき、resize2fsのみでOKです。Windowsの場合も同様に、GUIで簡単に拡張が可能です。

▍スナップショット（バックアップ）の作成

　これはすでに説明済みのため、本項の「既存のインスタンスの複製（①ディスクのスナップショットを取得）」を参照してください。

▍ファイアウォールで特定のポートを特定のサーバーに許可する

　GCPのファイアウォールは、管理コンソールのメニューの「コンピュート」-「ネットワーキング」-「ファイアウォールルール」から設定します。GCPのネットワークルールとしては、基本はまずすべて不許可です。
　ソース（許可元）として、「IP範囲」、「インスタンスタグ」、「すべて」から選択し、対象のポートを選択、宛先（許可先）として「インスタンスタグ」、「すべて」を指定することで許可でき

ます。ファイアウォールルールの詳細については、第4章の「4.2　ネットワーキング」を参照してください。

　特定のポートのみを特定のサーバーインスタンスに対してのみ許可する場合は、サーバーインスタンスにタグの割り当てをすることが必須になりますので、注意してください。

メール送信を行う

　GCEではアウトバウンド25番ポートブロック（OP25B）がなされており、SMTPでの外部サーバーへの通信は許可されておりません。その代わりに、APIで外部にメール送信するサービスが容易に利用できるようになっています。

3.2 Google Cloud Storage (GCS)

　Google Cloud Storage（GCS）は、Googleが提供するデータの耐久性と高可用性に優れたストレージサービスです。ローカルデータの保存だけに留まらず、GCPサービスで作成されたデータの出力先やバックアップ先にGCSを使用することが可能です。

　また、GCSに保存されたHTMLファイルや画像ファイルのような静的データを、直接Web上に公開することも可能です。

3.2.1 GCSの機能

　GCSは多彩な機能を備え、GCPの各サービスがアクセスするリソース（データ）の基点として利用されますので、GCSを使うにあたって最低限の用語は押さえてから活用しましょう。

　なお、GCSの全機能については、GCP公式サイトのGCSドキュメントを参考にしてください。

　https://cloud.google.com/storage/docs/

▍プロジェクト

　GCSのデータはすべて、GCPのプロジェクトに属しています。そのため、GCPのプロジェクトを削除すると、そこに属するGCSのデータも削除されます。ただし、救済措置として30日間はGCP上で保存され、31日目にプロジェクトは完全に消去されます。これはGCSに限らず、GCPのプロジェクト全般に言えます。

▍バケット

　バケットとは、データをGCSに格納するためのコンテナのことです。GCSに保存するデータは、すべてバケットに格納されます。バケットは、データの整理やアクセス制御に用いることができますが、フォルダやファイルのように入れ子構造にすることができません。

　また、バケット名には下記のような制約があります。

- バケット名に使用できる文字は、小文字、数字、ダッシュ(-)、下線(_)、ドット(.) のみです。

- バケット名の先頭と末尾は数字か文字でなければなりません。
- バケット名の長さは3〜63文字でなければなりません。ドットを使用している名前には最大222文字を使用できますが、ドットで区切られている各要素は63文字以下とします。
- バケット名はドット区切りの十進表記のIPアドレス（例：192.168.5.4）として表すことはできません。
- バケット名の先頭に接頭辞「goog」は使用できません。
- バケット名に「google」または「google」の誤表記を含めることはできません。
- バケット名は全GCSの中で一意でなければなりません。
- DNS命名規則に準拠していなければなりません。

バケットへの容量制限はありませんが、後述するストレージクラスによって、可用性や1GB/月当たりの利用料金が変わってきます。ストレージクラスは作成後でも変更が可能ですが、バケットの地域や名前は一度作成してしまうと変更できず、作り直さなければなりません。

オブジェクト

ファイルやフォルダといったGCS上にあるデータのことを指します。バケットの下にあるデータのすべてがオブジェクトと考えてください。バケット内に格納できるオブジェクトの数には制限はありませんが、1オブジェクト当たりの最大サイズは5TBです。

オブジェクトは、オブジェクトデータとオブジェクトメタデータという2つのコンポーネントで構成されます。オブジェクトデータは通常、GCS上にあるファイルそのものを指し、オブジェクトメタデータはオブジェクトデータの様々な情報を記述した名前と値の集合です。

オブジェクト名には下記のような制約があります。

- オブジェクト名はUnicode文字で任意に設定でき、UTF-8エンコード時の長さが1〜1,024バイトになるようにします。
- オブジェクト名に、改行またはラインフィード文字を含めることはできません。

また、オブジェクト名にはGoogle公式の推奨事項がありますので、できる限り下記の内容に沿って名前を付けるようにしましょう。

- XML1.0で不正な制御文字（#x7F 〜 #x84 および #x86 〜 #x9F）を使用しないようにします。オブジェクトを表示するときに、これらの文字が原因でXMLリストに問題が発生します。
- オブジェクト名に「#」を使用しないようにします。gsutilは、#＜数値文字列＞で終わるオブジェクト名をバージョンIDとして解釈するので、オブジェクト名に「#」が含まれていると、gsutilを使用してバージョン指定されたオブジェクトのオペレーションを実行することが困難または不可能になる可能性があります（オブジェクトのバージョン管理と並行性制御をご覧ください）。
- 「[」、「]」、「*」、「?」を使用しないでください。gsutilは、オブジェクト名内のこれらの文字をワイルドカードとして解釈するので、オブジェクト名にこれらの文字が含まれていると、gsutilを使用したワイルドカードのオペレーションの実行が困難または不可能になる可能性があります。

ストレージクラス

GCSのバケットは「Multi-Regional」、「Regional」、「Nearline」、「Coldline」の4種類のストレージクラスが用意されております。それぞれの特徴や違いは、表3.2-1のとおりです。

表3.2-1　ストレージクラス

ストレージクラス	Multi-Regional	Regional	Nearline	Coldline
アクセス頻度	頻繁、地域間	頻繁、地域内	月に1回程度	年に1回程度
保存時の料金（1GB/月）注2	$0.026（アジア）	$0.023（東京）	$0.016（東京）	$0.010（東京）
取得時の料金（GB）注2	無料	無料	$0.01	$0.05
最小保存期間注3	なし	なし	30日	90日
可用性	99.95%	99.9%	99.0%	99.0%

（次ページへ続く）

注2　料金については、利用するロケーションによる違いやAPIの利用などの料金もありますので、後述する「3.2.2　課金体系」の「データ保存容量による課金」を一読ください。
注3　最小保存期間内に削除したオブジェクトについても、最小保存期間の間は課金されます。

表3.2-1　ストレージクラス（続き）

ストレージクラス	Multi-Regional	Regional	Nearline	Coldline
特性	地域的な冗長性と可用性の高さ。	1GB当たりの保存コストが安い。地理的に近い場所にデータを保存。	1GB当たりの保存コストが非常に安い。データ取得コストがColdlineと比較して安い。1操作当たりのコストが高め。	1GB当たりの保存コスト、データ取得コストが最も安い。1操作当たりのコストが高め。
導入事例	世界中から頻繁にアクセスされるデータ（ホットオブジェクト）を保存。Webサイトのコンテンツ、ストリーミング動画、ゲーム、モバイルアプリケーションなどを提供。	利用中のGoogle Cloud DataprocまたはGCEインスタンスに近い地域で頻繁にアクセスされるデータを保存するのに最適。データ分析などに使用。	頻繁にアクセスすることが予想されないデータ（月に1回程度）。バックアップやロングテールのマルチメディアコンテンツに最適。	頻繁にアクセスすることが予想されないデータ（年に1回程度）。一般的に、障害復旧用として使用するか、すぐに必要にならないデータのアーカイブとして使用。

全ストレージクラスの共通機能として、下記の機能を提供しています。

- 世界各地の場所でのバケットの作成。
- 同じツールとAPIを使用したデータへのアクセス。XML APIとJSON API、コマンドラインのgsutilツール、Google Cloud Platform Console、クライアントライブラリを使用できる。
- 同じOAuthと詳細なアクセス制御によるデータの保護。
- 冗長ストレージ。年間データ保持率は、99.999999999%（イレブンナイン）の持続性が維持されるように設計されている。
- 最小オブジェクトサイズはない。
- 低レイテンシ（最初のバイトの転送までの時間は一般的に数十ミリ秒）。
- 保存時に暗号化を使用した同じデータセキュリティ。
- オブジェクトのバージョン管理、オブジェクト通知、アクセスログ、ライフサイクル管理、オブジェクトごとのストレージクラス、複合オブジェクトと並列アップロードなど、ほかのGCS機能の使用。
- 世界中でアクセスできる無制限のストレージ。

- 使用した分だけの支払い。

3.2.2 課金体系

課金体系は従量課金となっています。GCSで課金が発生するリソースは大きく分けて、データの保存容量、ネットワーク、API操作の3種類になります。

▌データの保存容量による課金

データの保存容量の課金は、1GB/月当たりの保存料金と、データ呼び出し料金の2種類があります。2種類の料金は、データを保存しているバケットのストレージクラスと、バケットが日本リージョンかそれ以外かによって異なり、料金は表3.2-2のようになります。

表3.2-2 データ保存容量による課金（2019.3現在）

ストレージクラス	1GB/月当たりの保存料金		1GB当たりの データ呼び出し料金
	日本リージョン以外	日本リージョン	
Multi-Regional	$0.026	-	無料
Regional	$0.02～0.023	$0.023	無料
Nearline	$0.01	$0.016	無料
Coldline	$0.007	$0.01	無料

保存料金のみが、日本リージョンとそれ以外のリージョンで異なりますが、データの呼び出しにかかる料金は同じになっています。GCSは基本的には「使用した分だけの支払い」となっていますが、「Nearline」と「Coldline」の2つには最低料金が設定されており、「Nearline」は30日分、「Coldline」は90日分の最低料金が発生します。

▌ネットワーク利用による課金

GCSからデータをダウンロードする際にも課金が発生します。課金は月の合計ダウンロードサイズと、日本リージョンとそれ以外の地域からどこの地域のネットワークのデータをダウンロードしたかによって変わります。

3.2 Google Cloud Storage（GCS）

表3.2-3　ネットワーク利用による課金（2019.3現在）

月間使用量	ネットワーク（下り、1GB当たり）				ネットワーク（上り）
	送信先：世界（香港以外の中国とオーストラリアを除く）		送信先：中国（香港を除く）	送信先：オーストラリア	
	日本リージョンからダウンロードした場合	日本リージョン以外からダウンロードした場合			
0-1TB/月	$0.14	$0.12	$0.23	$0.19	無料
1-10TB/月	$0.14	$0.11	$0.22	$0.18	無料
10+TB/月	$0.12	$0.08	$0.20	$0.15	無料

　日本リージョンの方が、ネットワーク（Ingress）は無料ですが、バケットがある地域を超えたGCSのオブジェクトの転送には料金がかかります。いくつかの転送例と転送料金を、表3.2-4に記します。

表3.2-4　オブジェクトの転送料金（2019.3現在）

転送例	転送料金
同一の地域間のオブジェクトの転送 （例：us-east1 から us-east1 へのオブジェクトの転送）	無料
同一の複数地域間のオブジェクトの転送 （例：米国から米国へのオブジェクトの転送）	無料
同一の複数地域の中の地域間でのオブジェクトの転送 （例：us-east1 から us-central1、米国から us-east1、us-east1 から米国へのオブジェクトの転送）	$0.01/GB
別の複数地域間でのオブジェクトの転送 （例：米国からアジア、米国から asia-east1、asia-east1 から us-east1 へのオブジェクトの転送）	$0.12/GB 0-1TB $0.11/GB 1-10TB $0.08/GB 10+TB

3.2.3 アクセス制御

GCSのバケットやオブジェクトを誰もが参照できるようにする場合や、特別な権限を付与する場合に、アクセス制御を行います。アクセス制御は「セキュリティの肝」ですから、誤って誰もが参照できる「一般公開」にしないよう、しっかり慎重に設定しましょう。

アクセス制御は、大きく分けて4つあります。

- Identity and Access Management(IAM)
  バケットへのアクセス、1つのバケットのオブジェクトへの一括アクセスを許可します。

- アクセス制御リスト(ACL)
  個々のバケットやオブジェクトへの読み取り、書き込みアクセスを許可します。基本はIAMでアクセス制御し、IAMでアクセス制御が困難な場合(個々のオブジェクトを細かく制御する必要がある場合)のみ使用します。

- 署名付きURL(クエリ文字列認証)
  生成したURLを用いてオブジェクトへの制限時間付きの読み取り、書き込みアクセスを許可します。

- 署名付きポリシードキュメント
  バケットにアップロードできる内容を指定できます。アップロードの特性(サイズやコンテンツタイプ)を、署名付きURLよりも細かく制御することができます。

本書では「オブジェクトの一般公開」、「IAM」、「ACL」について説明します。署名付きURLや署名付きポリシードキュメントは、GCPの公式サイトを参照してください。

オブジェクトの一般公開

GCSのバケット作成は完了しているものとして、任意のオブジェクト（ファイル）をGCPコンソール（GUI）でアップロードしましょう。コマンドが得意な方は、gsutilコマンドを使っても結構です。

図3.2-1　GCPコンソール画面（GSC）

今回は画像ファイル（gcpug.png）をアップロードしました。後は「一般公開で共有する」でチェックボタンを押下するだけです。「公開リンク」をクリックすると、ブラウザでgcpug.pngが開きます。

- URIルール

  https://storage.googleapis.com/[バケット名]/gcpug.png　← 最後がオブジェクト名

これだけのオペレーションで、誰もが参照することができます。しかし、逆に考えればセキュリティ事故（情報漏洩）の起因につながるので、慎重にオペレーションしましょう。

オブジェクトのアクセス制御

　最初に、オブジェクトの「一般公開で共有する」のチェックボタンをオフとしておきましょう。GCPコンソールの右端より「権限を編集」を選択すると、図3.2-2のような画面が表示されます。「＋ 項目を追加」をクリックすることで、アクセス制御が追加できます。オブジェクトのアクセス制御は非常にシンプルで、分かりやすいところが特徴です。

図3.2-2　GCSオブジェクトのアクセス制御画面

- エンティティ
「ドメイン」、「グループ」、「ユーザー」、「プロジェクト」の4つの種別から選択します。制限はできる限り小さい範囲にしつつ、運用も楽な種別を選択しましょう。バランスがよいのはグループです。

- 名前
ID、メール、ドメインを指定します。

- アクセス権
「読み取り」、「オーナー」の2種類です。参照のみの場合は読み取りを選択することになります。

3.2 Google Cloud Storage（GCS）

　次にバケットのアクセス制御を見てみましょう。バケット画面に移動し、右端より「バケットの権限を編集」を選択しましょう。図3.2-3のように表示され、非常に詳細なアクセス制御が可能となります。

図3.2-3　GCSバケットのアクセス制御画面

　権限付与の基本は図3.2-3のとおり、「ストレージオブジェクト」に対する閲覧者／作成者／管理者、GCSの全権を付与する「ストレージ管理者」です。「役割を管理」をクリックするとCloud IAMの画面に遷移し、GCPの各サービスとの連携が可能となります。

　メンバーは「a」と1文字入力するだけで、「all***」などのメンバー候補が表示されます。これはGoogleの検索エンジンで培われた技術によるものです。

　注意点は、あくまで「バケット単位」でのアクセス制御となるところです。さらに「オブジェクト単位」で、より細やかなアクセス制御を行いたい場合（読み取り／オーナー権限以上の場合）のみ、ACLによるアクセス制御を実施しましょう。

105

ACLの活用方法

ACLを使用した方がよいのは、バケット内の個々のオブジェクトへのアクセス権をカスタマイズしなければならない場合です。Cloud IAM権限はバケット内のすべてのオブジェクトに適用されるため、このような場合には適していません。

ただし、その場合でも、バケット内のすべてのオブジェクトに共通するアクセス権については、Cloud IAMを使用することをおすすめします。これにより、人手の必要な細かい管理作業の量が軽減されます。ACLは基本、gsutilコマンドで行います。GCPコンソール画面で設定することはできません。

まず、バケットのデフォルトオブジェクトACLの表示コマンドを実行してみましょう。

① デフォルトオブジェクトACLを取得し、ACLの内容を把握

```
$ gsutil defacl get gs://[BUCKET_NAME]
```

② デフォルトオブジェクトACLの変更（ユーザー acl@gmail.com を追加し、読み取り[READER]権限を付与します）。

```
$ gsutil defacl ch -u acl@gmail.com:READER gs://[BUCKET_NAME]
```

Cloud IAMと同じような権限の追加／変更ができますが、Cloud IAMとACLは異なる（相関性がない）権限であることを注意してください。

では、実際にオブジェクトのACL変更は、以下のように実施します。

① 既存のオブジェクトのACL取得（JSON形式）
② ACLを定義（自分で作成し、ACLファイルとして保存）
③ gsutil acl setを用いて、既存のオブジェクトのACLを作成したACLファイルに変更

① ACLの取得

```
$ gsutil acl get gs://[BUCKET_NAME]/gcpug.png
```

レスポンスの例:

```
[
  {
    "entity": "project-owners-123412341234",
    "projectTeam": {
      "projectNumber": "123412341234",
      "team": "owners"
    },
    "role": "OWNER"
  },
(省略)
  {
    "email": "acl@gmail.com",
    "entity": "acl@gmail.com",
    "role": "READER"
  },
]
```

② ACLを定義(上記のレスポンスをコピー&ペーストして、任意のACLに修正し、acl.txtとして保存)
③ acl.txtを用いてgcpug.pngのACLを変更

```
$ gsutil acl set acl.txt gs://[BUCKET_NAME]/gcpug.png
```

ACLを用いたアクセス制御の変更は可能ですが、自分で定義したACLファイルの管理を考えると、Cloud IAMを用いた方がよいと思われます。なお、ACLの詳細な定義方法は、以下のGCP公式ドキュメントを参照してください。

https://cloud.google.com/storage/docs/access-control/lists?hl=ja#predefined-acl

✓ ここがポイント

GCSにオブジェクトをアップロードした場合、デフォルトで3,600秒キャッシュされます。オブジェクトの更新をすぐに反映させる場合は、オブジェクトのCache-Controlメタデータを「Cache-Control:private, max-age=0, no-transform」へ変更しましょう。GCPコンソール上でも設定変更が可能です。

3.3 Google App Engine (GAE)

　Google App Engine（GAE）は、高いスケーラビリティとアベイラビリティを持つPaaSサービスです。Googleの多くのサービスは、GAE上で構築されていると言われています。主にHTTP（S）のサービスを提供することができますが、Webサービス以下のレイヤーのメンテナンスを行わなくてよい本格的なフルマネージドサービスです。アプリケーションは、一定の制限の元で自由に構築できます。

　GAEは大きく分けて2種類の実行環境があります。1つはStandard Environment（以下、GAE SEもしくは単にSE）であり、もう1つはFlexible Environment（以下、GAE FEもしくは単にFE）です。SEはノンメンテナンス運用に向いたサービスであり、FEは柔軟性を保持したままメンテナンスを減らした運用に向いています。以下では、GAE SEについて説明します。

3.3.1 Google App Engine Standard Environment (GAE SE)

概要

①マネージドコンピュートリソース

　GAE SEは、一言で言えばアプリケーションエンジニアが、アプリケーションの開発に集中できるプラットフォームです。アプリケーションサーバー以下のレイヤー（アプリケーションサーバー、OS、ハードウェアのすべて）はフルマネージドであり、アプリケーションサーバー、OS、ハードウェアの不調は、バグが原因でない限りにおいてすべて自動的にメンテナンスされるため、管理者は意識する必要がありません。

　ハードウェアの不調はGoogleにより自動的にメンテナンスされます。OSにバグやセキュリティホールが発見されても、修正はGoogleが対応し、サーバー再起動作業などのサービス提供に影響がある作業は影響が出ないように実施されます。メモリリークなどによるメモリ不足が発生しても、サービス提供にほとんど影響を出すことなく該当サーバーを切り離します。処理量が多くてスケールが足りなくなったとしても、自動で素早くスケールします。

　GAE SEでは、自ら作成したプログラムをデプロイすることで、HTTP／HTTPS／WebSocketの機能を提供することができます。一度アップロードされたプログラムは静的な

インフラ上に配置されるため、変更ができません。デプロイされたプログラムは、インスタンスと呼ばれる仮想サーバーの単位で動作します。インスタンスの起動は非常に早く、数十ミリ秒〜数秒で起動が完了し、ユーザーがデプロイしたアプリケーションが動作し始めます。

インスタンスは、標準で備わっているロードバランサにより自動で起動と停止が実施され、また負荷の状況により自動でスケーリングするため、ユーザーはインスタンスの起動や停止、また負荷によるスケーリングを意識する必要はありません。

②プロジェクトとリージョン

GAE SEのリソースはすべてプロジェクトに属し、各プロジェクトで選択できるリージョンは1つのみです。最初に立ち上げる際に、プロジェクトでどのリージョンで動作させるかを選択することができます。1回定めると変更できないため、リージョンの選択は慎重に実施してください。

③言語

GAE SEでは、使用できる言語が限られます。正式リリースされているPython、Java、PHP、Goの4種類が選択できます。それぞれ、開発やデプロイの方法に違いがあります。

④ローカル実行環境とSDK

GAE SEは開発環境（SDK）が準備されています。SDKは、ローカルで動作する仮想のGAE環境が提供されています。開発環境は言語ごとに違います。

⑤制限

GAE SEでは、環境にいくつかの制限があります。標準では、リクエスト受け取り後、60秒以上の処理はできません。ここにはインスタンスやフレームワークなどの起動処理も含まれます。よって、重めの起動処理が発生するフレームワークなどは、動作しないものと考えておくとよいでしょう。リクエストの最大容量は32MBです。大きなファイルを扱う場合は、Cloud Storage（GCS）との連携が欠かせません。

また、ローカルファイルシステムへのアクセス、特に書き込みアクセスが禁止されています。ローカルのファイルシステムに依存しているライブラリなどは、使えないと考えるとよいでしょう。データ自体はファイルシステムを使わず、標準ライブラリで接続が簡単にできるDatastoreまたはCloudSQLなど、別のデータベースサービスを利用する方法を考えることになります。

SSHでのサーバー接続も禁止されています。従来の開発運用で用いられるような、インスタンスの状態を直接見る行為はできないと考えられます。サーバーの状態などは、Stackdriver Loggingを経由するログ出力をもって、確認するとよいでしょう。

始め方
①言語選択
　GAE SEでは、4つの開発言語が選択できます。逆に言えば、4つの言語のどれかを選ばなくてはなりません。言語による差異は存在します。大きなところではインスタンスの起動時間が変化しますし、細かいところでは一部の機能が未実装であったり、設定ファイルの形式が変わったりします。

表3.3-1　言語選択

言語	起動時間	設定形式
Python	約100〜150ミリ秒	XML
Java	約5〜7秒	YAML
PHP	約100〜150ミリ秒	YAML
Go	約50〜100ミリ秒	YAML

②開発、デバッグ、デプロイ
　GAE SEでの開発は、どの言語を選択したとしても、大きな流れは下記のとおりになります。

① 各言語専用のSDKをダウンロード
② プログラム開発
③ デバッグ用ローカルサーバーを起動し、デバッグ
④ 専用のデプロイコマンドでデプロイ
⑤ 管理画面などでトラフィック先のバージョンを変更

本書では、Javaを例にして開発の流れを見ていきます。

③開発環境のインストール

Javaでの開発環境は、gcloudコマンドを次のように実行することでインストールできます。

```
$ gcloud components install app-engine-java
```

また、次のURLよりダウンロードすることができます。

https://cloud.google.com/appengine/docs/standard/java/download

gcloudコマンドでコンポーネントを追加すると、ローカル実行環境とデプロイコマンドがインストールされます。ローカル実行環境とデプロイコマンドは、それぞれコマンドラインで実行するプログラムになっています。

IDEを使ってJava開発をしているので、コマンドラインの世界に極力触れたくないとする考えに応える方法はあるのでしょうか。GAE SEでは、そのような要請に応えるため、Cloud Tools for Eclipseが用意されています。EclipseのOxygen以上をインストールした状態で、下記のCloud Tools for Eclipseのページをブラウザで開き、Eclipse IDEを開いた状態で、「Install」ボタンをEclipseにドラッグします。

https://cloud.google.com/eclipse/docs/quickstart

図 3.3-1　Cloud Tools for Eclipse 操作画面

　ドラッグするとインストールが開始されるので、手順どおりにボタンを押下してインストールしてください。インストールが完了すると、Package Explorerなどから新規作成できるオブジェクトのメニューに、Google Cloud Platformが追加されます。

　GAE SEのプログラムを作成するには、メニュー内のGoogle App Engine Standard Java Projectを選択して、新しいプロジェクトを作成するとよいです。実際にやってみると、GAE SEのJavaプロジェクトの新規作成のウィザードが出ます。ここで、プロジェクト名やパッケージ名に任意の値を入れていきます。

　例として、以下ではJavaのバージョン8を選択したときの状態を示します。App Engine serviceは、ひとまずdefault（空欄）のままにします。Mavenによる管理をしたい場合は、Create as Maven projectにチェックを入れ、Group IDとArtifact IDに値を入れるとよいです。ここではMavenについては割愛します。プロジェクトの作成が完了すると、サンプルページのJavaファイルが表示されます。

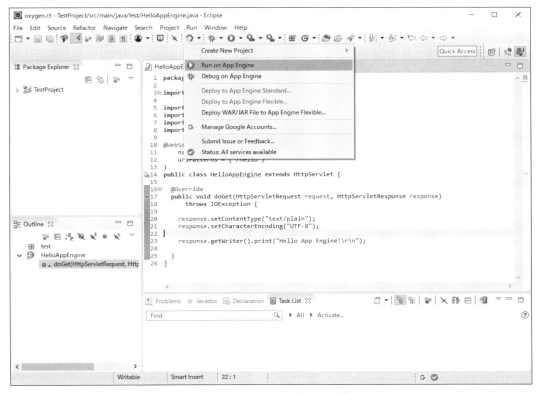

図 3.3-2　Eclipse のサンプルページ画面

　GAE SE の Java8 では、標準で JavaServlet 3.1 をサポートしているため、アノテーションを使って URL と Servlet のつなぎ込みをすることが可能です。

　Cloud Tools for Eclipse では、ローカルのデバッグ用サーバーとの連携機能が用意されています。GCP のアイコンをクリックすると、Run on App Engine や Debug on App Engine などのメニューが表示されます（ボタンが有効化されてない場合、Package Explorer でプロジェクトのルートをクリックしてから再度試します）。Run on App Engine は手元のプロジェクトを App Engine 上で動かしたかのようにローカルで動かす機能であり、Debug on App Engine はデバッグモードで同様に動作させる機能です。

　では、21 行目にブレークポイントを置いて、Debug on App Engine を実行してください。コンソール出力で、アプリケーションが http://localhost:8080（ポート番号は変わる可能性があります）に配置され、エミュレート環境の管理ツールが http://localhost:8080/_ah/admin（こちらのポート番号も変わる可能性があります）に配置されます。

　ここで、サンプルのサーブレットがアノテーションにより /hello に配置されるようになっ

ているので、http://localhost:8080/helloをブラウザで表示してみます。標準設定の場合、EclipseではDebug Appearanceへの切り替え警告が出るはずです。Appearanceの変更を行うと、ブレークポイントが置かれた場所で実行が停止し、変数の内容などが見えるようになっています。ここではEclipseの解説は割愛しますが、簡単にデバッグが行えることが理解できたと思います。

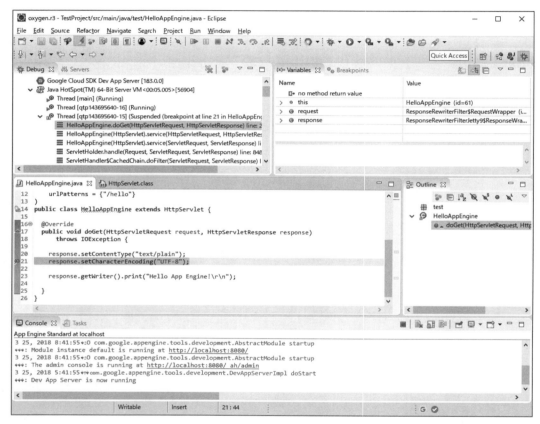

図3.3-3　Eclipseのデバッグ画面

　ステップ実行を完了すると、ブラウザ上に「Hello App Engine!」が表示されます。このアプリケーションをデプロイしてみます。デプロイは、GCPのアイコンのボタンから、「Deploy to App Engine…」を選択することで実行できます。
　選択するとウィザードが立ち上がり、デプロイ先のアプリケーション（プロジェクト）を選択し、バージョンなどのオプション項目を入力や選択し、「Deploy」ボタンを押下することで実施されます。Deployの実施は数十秒から数分かかる場合がありますので、少し待ちます。

デプロイが完了すると、ローカルと同じように動作するアプリケーションを見ることができます。

■ デバッグ

①Stackdriver Logging

　GAE SEでは、SSHによるインスタンスへの接続が禁止されています。よくあるほかの環境でインスタンスに接続して実施してきたログの閲覧行為は、Stackdriver Loggingを経由して実施することになります。

　各言語環境の標準Loggerを使って出力を行うと、GAEとStackdriver Loggingは自動連携しているため、ログは自動的にStackdriver Loggingに転送されます。

　Stackdriver Loggingでは、収集されたすべてのインスタンスのログをGUIで見られるようになるため、インスタンスをあまり意識することなくシームレスにログを確認することができます。

②Stackdriver Debugger

　GAE SEでは、Cloud Source Repositoryと連携してソースコードを保存しておくと、Stackdriver Debuggerとの連携ができます。

　ブレークポイントのような要領で変数のキャプチャポイントを指定すると、GAEでのリクエスト処理の途中で、変数がどのような状態にあったかを確認することができます。

③Stackdriver Trace

　GAE SEで動作するアプリケーションにおいて、一番時間がかかる処理はCPU時間を消費する処理ではなく、ほかの機能を呼び出す処理となっています。

　Stackdriver Traceは、GAE SEにおいて実際にどの機能でどのくらい時間がかかっていたか、どのような順番で機能を呼び出していたかを確認するのに役立つ機能です。標準では処理中にランダムにサンプルを取り、どのように各機能が呼び出されていたかをグラフィカルに表示してくれます。

■データ保存

GAE SEでは、前述のとおりローカルファイルシステムへの書き込みはサポートされていません。それでは、受信したデータはどう保存したらよいでしょうか。

ここでは、データの保存先として選択できるストレージサービスを網羅的に見ていきます。

①Datastore

DatastoreはNoSQLタイプのDatabase機能です。GAE SEと同じくスケーラビリティが高いデータベースであり、GAE SEでは標準でDatastoreとの接続をサポートしています。ただし、PHPではライブラリの追加インストールが必要です。また、データは1MBまで保存できます。

②Cloud SQL

Cloud SQLはマネージドなRDBMSです。システムが大規模なスケールを要求しない場合は、非常に優秀なデータベースです。GAEとCloud SQLへの接続は、専用のドライバを通じて実施します。

③Memcache

GAEを扱う上で欠かせないのがMemcacheです。Memcacheはスケーラブルなメモリストレージであり、データの永続性はありませんが、非常に高速で、データベースの読み込み負荷を軽減させるためなどに大いに活躍します。無料で利用できる共用Memcacheと、有償で容量の大きいMemcacheが利用できます。GAE SEからは、専用のAPIを通じてアクセスします。

④Search API

Search APIは、GAE専用の全文検索システムです。登録した文章は形態素解析された形で保存されます。n-gramでの検索はできないことに注意してください。Datastoreなどに比べて少し遅く、スケーラビリティも落ちるため、高負荷なアプリケーションには向いていないことも注意すべき事項です。

⑤Blobstore

Blobsotoreは、GAE専門のバイナリデータ保管システムです。ファイルの保存や読み取りには、専用のAPIやフォームに組み込むためのURLが用意されています。1回のリクエスト

での読み取りは32MBの制限があることに注意が必要な仕組みであり、ファイルの保存に関しては、Blobstoreを使うよりも、より高速かつ柔軟に動作するCloud Storage（GCS）の使用を検討するとよいでしょう。

⑥Cloud Storage（GCS）

GCSは高速なオブジェクトストレージサービスであり、高速かつ柔軟なファイル保存に向いています。GAE SEでは、GCSと柔軟に連携できる標準APIやライブラリが用意されています。大きなファイルを扱いたい場合は、GCSの使用を検討するとよいでしょう。

非同期実行

GAE SEでは60秒の実行時間制限があり、ブラウザからのインタラクションが必要です。そうなると、長時間作業や定時起動の要求が多いバッチ処理を設計することはかなり難しくなります。しかし、システムを考える上では、バッチが欠かせない要素であることが多いです。ここで活躍するのが、以下に紹介するTask QueueとCronという2つの機能になります。

①Task Queue

GAE SEで長時間作業に向いた機能がTask Queueです。Task Queueにはpushとpullがあります。

pushはTask Queue APIで登録されたリクエスト内容を、リクエスト元とは切り離したリクエストとして定義されたパスを呼び出して処理させる機能です。pushで呼び出された先のパスに対しては、HTTPでリクエストが送出されます。ブラウザから呼び出した場合とは違い、処理時間制限は10分間に拡張されます。10分間はバッチが動くようになるので、10分を超過するバッチ処理は、バッチを複数連携させるか、スケール設定をBasicやManualにするなどの工夫が必要となります。

pullはリクエスト元のデータを貯めておき、workerから一括で取り出して処理する形で使用されます。pullはしばしば、次に述べるCronと連携することで機能します。

②Cron

Cronは定時実行を実施するための機能です。設定ファイルにより登録し、決められた時間に設定されたパスをHTTPで呼び出す形で実行します。「○時○分」といった時間指定から、「1時間ごと」などの一定時間ごとのリクエストを実施させることもできます。

Cronから呼び出された機能の処理時間制限は、Task Queueと同じく10分です。

サーバー構成とスケーリング

　GAE SEでは、サーバーの複製機能を用いて構成されています。リクエストはまずロードバランサにキューイングされ、URLに応じてアプリケーションサービスであるインスタンスなどに送られます。ロードバランサは待ち状態のインスタンスにキューイングされたリクエストを送りますが、待ち状態のインスタンスがない場合は新規にインスタンスを作成し、リクエストを送ります。インスタンスの作成は数十ミリ秒〜数秒と高速なため、スケールの問題はGAEにお任せしてほぼ問題ありません。

　インスタンス自体は複数のタイプがあり、メモリ量やCPUの速度が違います。しかし、後述する価格表を確認すると分かるとおり、GAE SEではそもそもCPUやメモリの割り当てが大きくありません。アプリケーションを作る上では、ここに配慮するとよいでしょう。

　スケールの仕方については、複数の方法があります。インスタンスを自動でスケールするオートスケールが標準的な設定ですが、最大インスタンスと最小インスタンスを設定して起動スクリプトを用意しておくことにより実行できるベーシックスケーリングと、固定のインスタンスを立ち上げるマニュアルスケーリングもあります。

　デプロイされたアプリケーションは、ユーザーにより名付けられたバージョン名を使って管理されます。バージョンの機能はそれぞれ標準URLとの紐付けの仕方により、ローリングアップデートやA/Bテストを行う機能があります。

セキュリティ

　GAE SEではインフラ上のセキュリティホールが発見されると、Googleにより自動で更新されるため、インフラのセキュリティについては特段の配慮をする必要はありません。ローカルファイルの書き換えが行えないため、ファイル書き換えに関するセキュリティホールは発生しないようになっています。データベースにDatastoreを利用するならば、SQLを使わないため、SQLインジェクションの心配はありません。このように、GAE SEはインフラ周りのセキュリティを高い状態に保つことが容易に可能です。

　また、セキュリティを保つためにSSLを利用したい場合も、GAE SEでは標準でTLSの証明書が付いてくるため、appspot.comのURLをシンプルに「https」とするだけで、TLSでの通信ができます。このappspot.comを独自ドメインで運用する設定もあり、管理コンソール画面にて設定された独自ドメインに対してTLS証明書を設置することが可能です。

価格

GAE SE の料金はインスタンスのタイプで分類され、これに Datastore ／ CloudSQL などのほかのストレージサービス、Search API ／ Blobstore などの GAE 内部ストレージサービスに料金が発生します。データの転送についても、下りのトラフィックに対して料金が発生します。リージョンにより料金も変わるので、正確な情報は次の URL を参照してください。

https://cloud.google.com/appengine/pricing

なお、表3.3-2は東京リージョンに配置した場合のインスタンス料金表です。

表3.3-2　インスタンス料金表（2019.3現在）

クラス	メモリ	CPU	スケールタイプ	料金（1時間単位）
F1	128M	600MHz	auto	$0.07
F2	256M	1.2GHz	auto	$0.13
F4	512M	2.4GHz	auto	$0.26
F4_1G	1024M	2.4GHz	auto	$0.39
B1	128M	600MHz	manual、basic	$0.07
B2	256M	1.2GHz	manual、basic	$0.13
B4	512M	2.4GHz	manual、basic	$0.26
B4_1G	1024M	2.4GHz	manual、basic	$0.39
B8	1024M	4.8GHz	manual、basic	$0.52

3.4 BigQuery

　大規模データ（ビッグデータ）を処理するシステムを自前で構築する場合、一体どれほどの費用がかかるのでしょうか。一般的にシステムコストと処理性能は比例するため、例えばインフラ構築のためのハードウェアに費用をかけられない場合、処理性能は低くなり、性能を重視する場合、今度はシステム全体の費用が高くなってしまいます。非常に悩ましい問題ではありますが、GCPを利用すれば、そのような問題は発生しません。なぜなら、Googleではそのようなビッグデータを高速に処理するためのサービスを従量課金・低価格で提供しているからです。それが本節で取り上げるBigQueryです。

3.4.1 概要

　BigQueryはGoogleが提供する、エンタープライズ向けフルマネージドデータウェアハウスです。元々、Google社内で利用されていたDremelというビッグデータ解析システムがあり、これを一般サービスとして公開したのがBigQueryです（Dremelは、Google検索や5億人のユーザーがいると言われるGmailのデータ解析などで実際に利用されています）。解析によって得られる結果は、驚くほど高速に返ってきます（例えば、100億レコードの場合、数十秒で解析結果を得ることができます）。Hadoopのような分散処理ソフトウェアによって、データの解析に数時間のバッチプログラムを実行する必要がありません。

　BigQueryの凄さは料金の安さもありますが、一番の魅力はそのパフォーマンスです。「120億行の正規表現マッチ付き集計が5秒で完了した」レベルのパフォーマンスです。果たして、同様のシステムを自前で用意しようとすると、いくらのコストがかかるのでしょうか。数億円レベルで収まるものなのでしょうか。Googleは、この強力なサービスを超低価格で提供しています。

　なぜこれほどにまでBigQueryは高速なのでしょうか。その理由は、何千というサーバー群でクエリを並列処理しているからですが、並列処理を実現できる理由は、BigQueryの仕組みにあります。BigQueryの仕組みとは、ずばり「カラム型データストア」と「ツリーアーキテクチャ」です。図3.4-1を見てみましょう。

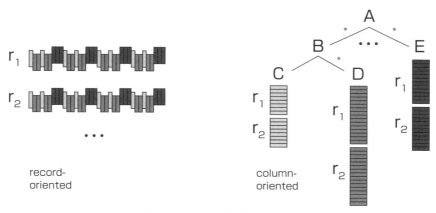

図3.4-1　カラム型データストア

　通常のリレーショナルデータベースでは行単位でデータを保存していますが、BigQueryでは列ごとにまとめてデータの保存を行います。それによりBigQueryは、「トラフィックの最小化」と「高い圧縮率」を実現していると言われています。そして、このデータ保存形式こそが、クエリ実行時の高速データ参照を実現しています。そして、図3.4-2は「ツリーアーキテクチャ」です。

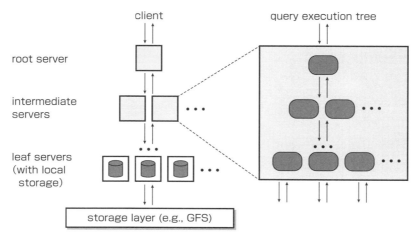

図3.4-2　ツリーアーキテクチャ

　BigQueryは、ツリーアーキテクチャによって分散処理を実現しています。root serverはクライアント（ユーザー）からクエリを取得し、intermediate serversを経由後、leaf serversが実際にクエリ処理を実行します。BigQueryの並列処理は、クエリがツリー構造で分散実行さ

れることで実現されているのです。

3.4.2 BigQueryの特徴

SQLの知識があれば誰でも利用可能

ユーザーはSQLという使い慣れた言語によって、BigQuery上のビッグデータを解析することができます。そのため、非エンジニアにも敷居の低いサービスであると言えます。

管理不要なフルマネージドサービス

前述したとおり、BigQueryはGoogleのフルマネージドサービスです。そのため、インフラ環境の運用・保守やデータベース管理者も必要ありません。BigQueryは処理性能だけでなく、経済的にもメリットが高いサービスであると言えます。

分かりやすい料金体系

BigQueryの料金体系は非常にシンプルです。課金が発生するのは、以下の3種類の利用に対してのみです。データの読み込みとエクスポートについては、課金は発生しません。また、サーバーレスのため、マシンやディスクのリソースにかかるコストについても発生しません。

- データストレージ
- SQLクエリの処理量
- ストリーミングインサート（バッチインサートは無料）

SQLクエリの処理量課金については定額料金も選択することができるので、データ処理容量が大きい場合（月額数百万円程度）は定額料金をおすすめします。とは言っても、オンデマンド料金の場合でも、データ処理容量は1ヶ月当たり1TBまでは無料なので（2018年1月現在）、要件に応じて課金タイプを選択するとよいでしょう。

3.4.3 BigQueryの料金体系

BigQueryの料金体系は、表3.4-1のとおりです。課金対象は以下の3つだけで、それ以外の操作については課金は発生しないことになります。つまり、ストリーミングインサートではない、バッチ処理的なデータのインポート／エクスポートは無料となります。

例えば、データを1TB保存しても、1ヶ月にかかる料金は20ドル（＝約2,000円）、50TB（な

かなかそこまでの量を処理する状況はないと思いますが）のデータをクエリで処理しても50ドル（＝約5,000円）程度しかかかりません。しかも、BigQueryは毎月最初の1TB（クエリによるデータ処理）については無料となります。BigQueryは、とにかく安いサービスです。

表3.4-1　BigQuery料金（2019.3現在）

課金対象	説明	料金
ストレージ利用料	BigQueryに保存されているデータ容量に対して課金。	$0.02/GB/月
クエリによる処理容量	クエリ実行時にスキャンされるデータ量に対して課金。	$5/TB
ストリーミングインサート	ストリーミングインサートはデータのリアルタイム収集で利用されるAPIで、テーブルにインサートしたデータ量に対して課金。	$0.01/200MB

3.4.4　様々なデータ取り込み方法

BigQueryに対してデータを取り込む方法はいくつかありますが、無料でデータの取り込みを実行したい場合は、GCS（Google Cloud Storage）または手動での取り込みをおすすめします。前述したとおり、ストリーミングインサートによる取り込みを行いたい場合は有料になります。

SaaSからのデータ取り込み

YouTubeやGoogle AdwordsなどのSaaSサービスからデータを取り込む場合は、BigQuery Data Transfer Service（2018年1月現在β版サービス）を利用します。Googleは対応できるSaaSプロダクトを募集しているため、今後様々なサービスからBigQueryへデータの取り込みができるようになるかもしれません。

3.4.5　課金についての注意事項

BigQueryが経済的に優しいサービスと言っても、使い方を誤れば想定以上の課金が発生する可能性もあります。BigQueryのサービス公開当初、誤った利用方法によって高い課金額を請求されたユーザーのブログが話題になりましたが、正しい設計と利用を行えば、そのような問題は発生しません。

▌日付単位でテーブルを分割

　クエリ料金はデータの処理容量に対して課金されます。つまり、処理容量を少なくすることで課金額を安くすることができます。BigQueryでは一般的に日付単位でパーティションを分割し、スキャンするデータ量を制限することを推奨しています。これにより無駄なデータスキャンが発生しなくなります。パーティションを行わないと、例えば1年分のデータが格納されているテーブルに対して、特定の1週間のデータを分析したい場合でもテーブル全体のスキャンが必要です。これを日付による分割を行っておけば、特定の1週間分のテーブルに対してのみスキャンを実行できるようになります。日付分割テーブルはBigQueryの基本的なベストプラクティスの1つなので、ぜひ覚えておいてください。

▌定額料金の選択

　前述したとおり、BigQueryのクエリ料金はオンデマンド、または定額から選択できます。月のデータ処理容量を見積もった上で、どちらの料金タイプにするかを選択するとよいでしょう。

▌請求アラートの設定

　対象のGCPプロジェクトに対して「予算」を設定することで、利用額を制限できます。予算を超過した場合は、課金管理者に対してアラートメールを送信できます。予算額は毎月1日に0ドルにリセットされます。予算は、管理コンソールの「お支払い」-「予算とアラート」から作成可能です。ただし、予算に設定する利用額は、BigQuery以外のGCPサービスも対象になります。

▌カスタム割り当てによるクエリ費用の管理

　BigQueryカスタム割り当てを使用すると、1日当たりに処理されるデータ容量の上限を10TB単位で指定することができます。カスタム割り当てはデフォルトではオフになっており、割り当てを有効化するには、Googleが用意する問い合わせフォームから依頼のリクエストを発行します。ユーザー自ら割り当てをプロビジョニングすることはできません。制限はプロジェクト、またはユーザー単位で設定することができます。

- 問い合わせフォームURL

　https://support.google.com/cloud/contact/bigquery_custom_quota_request_form

3.4.6 基本概念

BigQueryを構成する抽象概念について説明します。これらの概念はBigQueryを利用する上で重要、かつ基本的な知識になるので、BigQueryに初めて触れる読者の方は本項を読み飛ばさないことをおすすめします。

▎データセット

データセットは、テーブルの集合を所有するためのコンテナとなります。分かりやすく言えば、データセットはリレーショナルデータベースにおけるテーブルスペースのような概念と言えます。そのため、リレーショナルデータベースと同様に、データセットがなければテーブルの作成は実行できません。また、アクセス制御はデータセット単位で行うことができます（後述）。

▎テーブル

テーブルは、構造化されたデータ（行）の集合です。BigQueryテーブルは、リレーショナルデータベースのテーブルと同様にスキーマを持ちます。

▎ビュー

ビューは、SQLクエリによって定義することができる仮想テーブルです。ビューの照会にはWeb UI、コマンドラインツール、REST APIを使用します。作成されたビューは、Google Data Studioなどのツールによって可視化することができます。

▎ジョブ

ジョブは、クエリ実行、データ追加、テーブルのコピーなどの実行単位です。ジョブは非同期で実行され、ユーザーは実行中のジョブステータスをポーリングによっていつでも確認することができます。

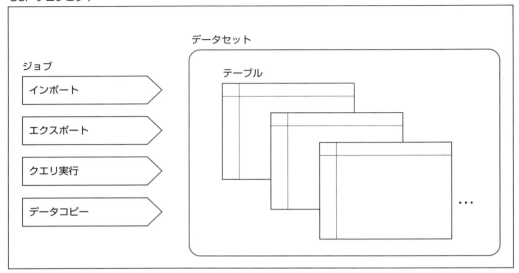

図3.4-3　BigQueryに係る基本概念図

3.4.7 BigQueryのアクセス制御

　BigQueryのアクセス制御は、Identity and Access Management (IAM) によって行います。BigQueryでは、リソースへのアクセスに対して以下の6種類の役割が存在します。これらの役割はユーザー、グループ、サービスアカウントに対して1つ以上付与することができます。

- データ閲覧者(dataViewer)
- データ編集者(dataEditor)
- データオーナー(dataOwner)
- ユーザー(user)
- ジョブユーザー(jobUser)
- 管理者(admin)

3.4 BigQuery

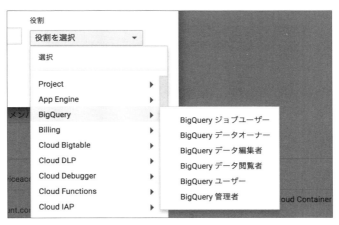

図3.4-4　BigQueryに係るIAM権限

各役割に対する権限

BigQueryでは、事前定義された表3.4-2の役割をユーザー、グループ、サービスアカウントに対して付与することができます。各役割に対する権限は以下のとおりです。

表3.4-2　権限(BigQuery)

機能	データ閲覧者	データ編集者	データオーナー	ユーザー	ジョブユーザー	管理者
プロジェクトのリスト表示	○	○	○	○	○	○
テーブルのリスト表示	○	○	○	○	×	○
テーブルデータ、メタデータの取得	○	○	○	×	×	○
テーブルの作成	×	○	○	×	×	○
テーブルの変更・削除	×	○	○	×	×	○
データセットのリスト表示・取得	○	○	○	○	×	○

(次ページへ続く)

表3.4-2 権限（BigQuery）（続き）

機能	データ閲覧者	データ編集者	データオーナー	ユーザー	ジョブユーザー	管理者
データセットの作成	×	○	○	○	×	○
データセットの変更・削除	×	×	○	○ ※ユーザー自身が作成したデータセットなら可	×	○
ジョブ、クエリの作成	×	×	×	○	○	○
ジョブ取得	×	×	×	○ ※ユーザー自身が作成したジョブなら可	○ ※ジョブユーザー自身が作成したジョブなら可	○
ジョブのリスト表示	×	×	×	○	○ ※ジョブユーザー自身が作成したジョブなら可	○
ジョブのキャンセル	×	×	×	○ ※ユーザー自身が作成したジョブなら可	○ ※ジョブユーザー自身が作成したジョブなら可	○
保存クエリの取得・リスト表示	×	×	×	○	×	○
保存クエリの作成・更新・削除	×	×	×	×	×	○
転送の取得	×	×	×	○	×	○
転送の作成・更新・削除	×	×	×	×	×	○

3.4.8 始め方

BigQueryをGCPコンソール上から有効化し、Web UIにアクセスするための手順について説明します。基本概念で説明したとおり、BigQueryを利用するためにはGCPプロジェクトを作成する必要があります。GCPプロジェクトの作成手順については、第2章の「2.3　無料トライアルの登録とプロジェクトの作成」を参考にしてください。GCPプロジェクトの作成と課金設定が完了したら、GCP管理コンソールに接続し、「API Manager」からBigQuery APIを有効化します。

図3.4-5　BigQuery API有効化画面

APIの有効化が完了したら、管理コンソールの左メニューから「BigQuery」をクリックしてください。

図3.4-6　BigQueryメニュー画面

　図3.4-7のようにBigQueryのWeb UIが表示されたら、利用準備は完了です。次項ではBigQueryの基本的な操作方法について説明しますが、Web UIではなくコマンドラインツール（CLI）を利用した操作方法についての説明になります。

図 3.4-7　BigQuery 操作画面

3.4.9 基本的な操作

BigQueryの操作方法は、以下の3つがあります。本項では、コマンドラインツール (bq) を利用してBigQueryを操作する手順について説明します。

- Web UI
- コマンドラインツール(bq)
- REST API

具体的には、コマンドラインツールを利用して、以下の操作を行う手順について説明します。

- データセットの作成
- データセットの削除
- テーブルの作成
- テーブルの削除
- データのインポート
- クエリの実行

コマンドラインツールの利用には、Google Cloud SDKのインストールが必要です。Google Cloud SDKのインストールについては、以下のURLを確認してください。bqツールはSDKに同梱されています。それでは、bqツールを利用したBigQueryの操作方法について学んでいきましょう。

https://cloud.google.com/sdk/

データセットの作成

データセットを作成するための手順について説明します。データセットの作成には、bqツールのmkコマンドを利用します。以下のbqコマンド例1を利用すれば、ユーザーはWeb UIを利用せずにデータセットを作成することができます。<データセットID>には英数字とアンダースコアの組合せの文字列を指定します（アンダースコアは先頭文字には利用できません）。ただし、指定したIDがすでに対象プロジェクトで作成されている場合は、利用することができません。

bqコマンド例1　データセットの作成

```
$ bq mk <データセットID>
```

任意のロケーション（USまたはEU）にデータセットを作成する場合は、bqコマンド例2のように「-data_location」オプションを利用します。指定しない場合は、USロケーションにデータセットが作成されます。

bqコマンド例2　ロケーションを指定したデータセットの作成

```
$ bq mk <データセットID> -data_location <ロケーション名>
```

作成した1つ以上のデータセットを確認する場合、bqツールのlsコマンドを利用します。

bqコマンド例3を実行すると、作成済みのデータセット一覧が表示されます。例で表示されている「123」、「123_45」、「123_45_」、「sample_dataset」という文字列がデータセットIDを表します。

bqコマンド例3　データセット一覧の確認

```
$ bq ls
   datasetId
 ----------------
  123
  123_45
  123_45_
  sample_dataset
```

データセットの詳細を確認する場合は、bqツールのshowコマンドを実行します。bqコマンド例4を実行すると、データセットの詳細を確認することができます。

bqコマンド例4　データセットの詳細確認

```
$ bq show <データセットID>
Dataset gcp-kyokasyo:sample_dataset

   Last modified            ACLs                    Labels
 -----------------  --------------------------   ---------
  31 Mar 10:50:09    Owners:
                       projectOwners,
                       demo@yoshidumi.co.jp
                     Writers:
                       projectWriters
                     Readers:
                       projectReaders
```

上記の例で出力される「gcp-kyokasyo」はGCPプロジェクト、「sample_dataset」はデータセットIDを表します。ACLsで一覧表示されている文字列一覧は、データセットに対する権限ユーザーを示しています。コマンド実行時に表示されます。

データセットの削除

データセットを削除するための手順について説明します。データセットの削除には、bqツールのrmコマンドを利用します。bqコマンド例5を実行することで、データセットを削除できます。強制的にデータセットを削除したい場合は「-f」オプション、データセット配下にあるテーブルもまとめて削除したい場合は「-r」オプションを利用します。

bqコマンド例5　データセットの削除
```
$ bq rm <データセットID>
```

テーブルの作成

　テーブルを作成するための手順について説明します。テーブルを作成する場合も、データセットと同様にbqツールのmkコマンドを利用します。ただし、テーブルを作成する場合は対象のデータセットを明示する必要があります。bqコマンド例6は、「-dataset_id」オプションを利用したテーブルの作成方法です。

bqコマンド例6　「-dataset_id」オプションを利用したテーブル作成
```
$ bq mk -dataset_id=<データセットID> <テーブルID>
```

　一方、bqコマンド例7は「-dataset_id」オプションを省略した場合のテーブル作成方法です。「.」（ドット）でデータセットIDとテーブルIDを結合することで、どのデータセット配下にテーブルを作成するのかを明示しています。

bqコマンド例7　任意のデータセットに対するテーブル作成
```
$ bq mk <データセットID>.<テーブルID>
```

　テーブル作成とスキーマ定義を同時に行う場合は、bqコマンド例8を実行します。テーブルIDは-tオプションで指定し、<スキーマ>の部分にテーブルのスキーマを定義します。

bqコマンド例8　スキーマ指定でのテーブル作成
```
$ bq mk -t <データセットID>.<テーブルID> <スキーマ>
```

　例えば、データセット「sample_dataset」で、氏名（名前、名字）と年齢をスキーマとするテーブル「sample_table」を作成する場合は、以下のようなコマンドを実行します。「firstName:string,lastName:string,age:integer」がスキーマ定義の部分です。スキーマは「列名:データ型」フォーマットをカンマ区切りで並べます。

```
$ bq mk -t sample_dataset:sample_table firstName:string,lastName:string,age:integer
```

　作成したテーブルを一覧から確認する場合は、bqコマンド例9のコマンドを実行します。任意のデータセットをlsコマンドに指定することで、対象データセットに属するテーブルの一覧を表示できます。コマンドから出力される「sample_table」は、作成するテーブルのID

を表します。

bqコマンド例9　データセットに属するテーブル一覧の確認

```
$ bq ls <データセットID>
  tableId      Type
 ---------   -------
 sample_table  TABLE
```

　作成したテーブルの詳細は、bqコマンド例10のコマンドから確認することができます。コマンドを実行すると、更新日時やスキーマなどの情報が表示されます。コマンド実行時に表示される「gcp-kyokasyo」、「sample_dataset」、「sample_table」はそれぞれGCPプロジェクトID、データセットID、テーブルIDを表します。

bqコマンド例10　テーブル詳細の確認

```
$ bq show <データセットID>.<テーブルID>
Table gcp-kyokasyo:sample_dataset.sample_table

   Last modified            Schema             Total Rows   Total Bytes   Expiration
 ----------------- ------------------------- ------------- ------------- ------------
  31 Mar 14:02:30  |- firstName: string       0             0
                   |- lastName: string
                   |- age: integer
```

テーブルの削除

　テーブルを削除するための手順について説明します。テーブルの削除には、bqツールのrmコマンドを利用します。bqコマンド例11は、テーブルを削除するためのコマンドです。強制的にテーブルを削除したい場合は、「-f」オプションを指定してコマンドを実行してください。

bqコマンド例11　テーブルの削除

```
$ bq rm <データセットID>.<テーブルID>
```

データのインポート

　PCまたはGCS上のデータをBigQueryにインポートする手順について説明します。BigQueryにデータをインポートする方法は1つに限りません。作業PC上に存在するCSV、もしくはJSONデータをインポートする場合は、bqコマンド例12を実行します。

bqコマンド例12　作業PCからBigQueryへデータをインポート

```
$ bq load <データセットID>.<テーブルID> <インポートデータのローカル上のパス> [<スキーマ>]
```

　1つ目の引数（<データセットID>.<テーブルID>）がインポート先のテーブル、2つ目の引数（<インポートデータパス>）がインポートデータ、3つ目の引数（<スキーマ>）がテーブルスキーマを表します。ただし、テーブルがすでにスキーマを保持している場合は、指定する必要がありません。

　例えば、以下の読み込みデータ（family.csv）とスキーマ（schema.csv）からテーブルを作成する場合、以下のコマンドを実行します。ただし、「sample_dataset.isono_family」テーブルはすでにスキーマ定義込みで作成済みとします。データの取り込みが成功すると、「Current status: DONE」と成功メッセージが表示されます。

```
$ bq load sample_dataset.isono_family ~/isono_family.csv
Upload complete.
Waiting on bqjob_r3906a2f1ed3b8379_000001611bf45127_1 ... (0s) Current status: DONE
```

isono_family.csv

```
namihei,isono,54
fune,isono,52
wakame,isono,9
katsuo,isono,11
sazae,isono,24
masuo,isono,28
tarao,isono,3
tama,isono,9
```

　取り込んだデータは、bqコマンド例13から確認することができます。表示するレコード数を指定する場合は「-n」、表示するスタート行を指定する場合は「-s」を指定します。

bqコマンド例13　テーブル

```
$ bq head <データセットID>.<テーブルID>
```

```
$ bq head sample_dataset.isono_family                          (~) 12:41:00
+-----------+----------+-----+
| firstName | lastName | age |
+-----------+----------+-----+
| tarao     | isono    |   3 |
| tama      | isono    |   9 |
| wakame    | isono    |   9 |
| katsuo    | isono    |  11 |
| sazae     | isono    |  24 |
| masuo     | isono    |  28 |
| fune      | isono    |  52 |
| namihei   | isono    |  54 |
+-----------+----------+-----+
```

　loadコマンドは作業PCだけでなく、GCSから取り込むことも可能です。GCSからファイルをインポートする場合は、以下のコマンドを実行します。2つ目の引数（gs://gcp-kyokasyo/import_data.csv）が、インポートするGCS上のデータファイルとなります。なお、GCSからファイルを取り込む場合、bqコマンドの実行ユーザーがGCS上のファイルに対して読み込み権限を保持している必要があります。

```
$ bq load sample_dataset.isono_family gs://gcp-kyokasyo/isono_family.csv
```

クエリの実行

　BigQueryに対してクエリを発行する手順について説明します。BigQueryに対してSQLを発行する場合は、bqツールのqueryコマンドを実行します。bqコマンド例14を実行することで、BigQueryに対してクエリを発行することができます。

bqコマンド例14　SQL

```
$ bq query <SQL文>
```

　例えば、「データのインポート」でデータの取り込みを行った「sample_dataset」データセットの「isono_family」テーブルからレコードの一覧を参照する場合は、以下のコマンドを実行します。コマンドを実行すると、テーブルから参照したレコード一覧を確認することができます。

```
$ bq query "select * from sample_dataset.isono_family"              (~) 12:44:42
Waiting on bqjob_r51e7b8cf982d45b0_000001611c66d0e4_1 ... (0s) Current status: DONE
+-----------+----------+-----+
| firstName | lastName | age |
+-----------+----------+-----+
| tarao     | isono    |   3 |
| tama      | isono    |   9 |
| wakame    | isono    |   9 |
| katsuo    | isono    |  11 |
| sazae     | isono    |  24 |
| masuo     | isono    |  28 |
| fune      | isono    |  52 |
| namihei   | isono    |  54 |
+-----------+----------+-----+
```

3.5 Google Cloud SQL

　Cloud SQLは、クラウド上でリレーショナルデータベースの設定、保守、運用、管理を簡単にすることができるフルマネージドデータベースサービスです。

3.5.1 概要

　Cloud SQLでは現在、MySQLまたはPostgreSQL（β版）を利用可能で、ソフトウェアのインストールは不要です。また、コンピューティングリソースやストレージ容量を簡単に拡張できます。では、一般的なリレーショナルデータベースと具体的に異なる点を、いくつか特徴を挙げながら説明していきます。

■ フルマネージドなサービス

　前述したとおり、Cloud SQLはフルマネージドデータベースサービスです。そのため、一般的なリレーショナルデータベースに必要なソフトウェアのインストールは一切必要ありません。また、バックアップ、セキュリティパッチなどのソフトウェアアップデート、レプリケーションの構成の構築なども自動で行われます。そのため、運用の中で必要となり、些細なことでも時間がかかってしまうタスクをGoogleに任せることができ、ユーザーは優れたアプリケーションの開発に集中できます。

　Cloud SQLを用いることで、運用前に必要な初期設定や環境構築のコスト、運用開始後に必要となる保守にかかるコストの両方を省いてデータベースを使えるようになります。

■ 高パフォーマンスとスケーラビリティ

　Cloud SQLは、小規模なユースケースから、高いパフォーマンスが要求されるユースケースに対応するように設計されています。最大で10TBのストレージ容量、64個のプロセッサコア、40,000IOPS、1インスタンスにつき416GBのRAMまで、簡単にスケールアップできます。また、レプリカによる高速なスケールアウトやフェイルオーバーも可能です。

■ セキュリティ

　Cloud SQLのデータは、どのようなときにも暗号化されます。Googleの内部ネットワーク

上にあるときも、データベーステーブル、一時ファイル、バックアップに保存されるときも同様です。また、すべてのCloud SQLインスタンスはネットワークファイアウォールで守られており、ネットワークアクセスを制御することができます。

使用可能なインスタンスタイプ

Cloud SQLでは現在、3つのインスタンスタイプを選択することができます。

表3.5-1　インスタンスタイプ

インスタンスタイプ	データベースエンジン	最大RAM	最大ストレージ容量
MySQL第2世代	MySQL 5.6 MySQL 5.7	416GB	10TB
PostgreSQL	PostgreSQL 9.6	416GB	10TB
MySQL第1世代	MySQL 5.5 MySQL 5.6	16GB	250GB

　基本的にはMySQL第2世代もしくはPostgreSQLが主な選択肢になります。MySQLの第1世代は、MySQL 5.5をどうしても使いたいケースなどの理由がなければ、使うべきではありません。

　PostgreSQLも含め「同時接続数」がインスタンスのスペックによって異なりますので、スペック選定の際は注意しましょう。

　各インスタンスタイプの主な特徴と機能については、GCP公式サイトのCloud SQLドキュメントを参考にしてください。

　　https://cloud.google.com/sql/docs/

料金体系

Cloud SQLの料金は、使用しているインスタンスタイプによって異なります。

- MySQL第2世代：インスタンスの料金、ストレージの料金、ネットワークの料金で構成されます。
- PostgreSQL：共有コアインスタンスの場合と専用コアインスタンスの場合で若干異なり、以下の料金で構成されます。
    - 共有コアインスタンスの場合：インスタンスの料金、ストレージの料金、ネットワーク

の料金
- 専用コアインスタンスの場合：CPUとメモリの料金、ストレージの料金、ネットワークの料金
- MySQL第1世代：インスタンスの料金、ストレージの料金、ネットワークの料金で構成されます。ただし、インスタンスの料金およびストレージの料金について、パッケージと従量制の2種類の料金プランがあります。どちらのプランを選択するかはデータベースの使用方法によりますが、一般的には、インスタンスを1ヶ月当たり450時間以上使用する場合は、パッケージプランを使用する方が経済的です。

MySQL第2世代とPostgreSQLの料金体系をまとめると、表3.5-2のようになります（MySQL第1世代は複雑かつ推奨しないため省略します）。

表3.5-2 MySQL第2世代とPostgreSQLの料金体系（2019.3現在）

インスタンスタイプ	インスタンス（CPU・メモリ）料金（1時間当たり）	ストレージ料金（1GB/月当たり）
MySQL第2世代 PostgreSQL（共有コアインスタンスの場合）	Compute Engineのマシンタイプに準ずる。 例）db-f1-micro：$0.015	SSDの場合：$0.22 HDDの場合：$0.12
PostgreSQL（専用コアインスタンスの場合）[注4]	CPU $0.059×CPU数 メモリ $0.01×メモリ容量（GB）	SSDの場合：$0.17 HDDの場合：$0.09

※ インスタンス、ストレージ、ネットワーク、CPUとメモリの料金は、インスタンスが配置されているリージョンによって異なりますが、ここでは日本リージョンの場合を記載します。

ネットワークの料金は、Cloud SQLへの上り料金は無料です。ネットワーク下りの料金は、トラフィックの送信先に依存します。インターネット下りは、Cloud SQLインスタンスからGoogleサービス以外に送信されるネットワークトラフィックのことです。表3.5-3は送信先ごとの料金体系です。

注4　専用コアインスタンスの場合、選択したCPU数とメモリ容量に応じた従量課金となります。

表3.5-3　送信先ごとの料金体系（2019.3現在）

出力先	料金
Google Compute Engineインスタンス	同じリージョン内：無料 北米内のリージョン間：$0.12/GB 北米外のリージョン間：$0.12/GB
Googleプロダクト （Google Compute Engineを除く）	大陸内：無料 大陸間：$0.12/GB
インターネット下り （Google Cloud Interconnectを使用する場合）	$0.05/GB
インターネット下り （Google Cloud Interconnectを使用しない場合）	$0.19/GB

データの保存場所

CloudSQLのデータの保存場所は、使用しているインスタンスタイプによって異なります。

- MySQL第2世代：通常のデータは、選択したインスタンスが存在するリージョンに保存されます。バックアップデータは、冗長性確保のため、2つのリージョンに保存されます。1つの大陸に2つのリージョンがある場合、バックアップデータはどちらも同じ大陸に置かれます。
- PostgreSQL：MySQL第2世代と同様です。
- MySQL第1世代：通常のデータとバックアップデータは、選択したインスタンスが存在する大陸に保存されます。

レプリケーションとフェイルオーバー

Cloud SQLは、マスターインスタンスを1つ以上のレプリカに複製する機能を提供します。レプリカはマスターのコピーであり、マスターインスタンスへの変更がほぼリアルタイムでレプリカに反映されます。マスターがあるゾーンが停止状態になると、Cloud SQLは自動的にレプリカにフェイルオーバーします。レプリケーションの動作は、使用しているインスタンスタイプによって異なります。

- MySQL第2世代：ゾーン間でデータをレプリケーションするかどうかを選択することができます。本番機以外の環境ではレプリケーションしないようにすると、コストを節約できます。

- PostgreSQL：MySQL第2世代と同様です。
- MySQL第1世代：リージョン内のすべてのゾーンに、自動的にレプリケーションされます。

バックアップと料金

　Cloud SQLでは、自動によるバックアップが行われます。各インスタンスごとに最大7件の自動バックアップの保持と、任意のタイミングで行うことができるオンデマンドバックアップの保持が可能です。自動バックアップを有効にする場合、4時間の時間枠を指定します。可能な限りは、インスタンスの利用が最も少ない時間帯にバックアップをスケジュールしてください。バックアップの方法と料金は、使用しているインスタンスタイプによって異なります。バックアップの方法には増分バックアップとスナップショットバックアップが存在します。増分バックアップでは、前回のバックアップ以降に変更されたデータのみがバックアップの対象となります。そのため、最も古いバックアップはデータベースとほぼ同じサイズですが、それ以降のサイズは変更されたデータで決まります。

　各インスタンスタイプのバックアップ方法と料金をまとめると、表3.5-4のようになります。

表3.5-4　バックアップ料金（2019.3現在）

インスタンスタイプ	自動バックアップ方法	料金（1GB/月当たり）
MySQL第2世代 PostgreSQL	増分バックアップ	$0.08 バイナリログは以下のとおり SSDの場合：$0.17 HDDの場合：$0.09
MySQL第1世代	スナップショットバックアップ	インスタンスのコストに含まれる

　ほかにもたくさん特徴がありますが、主にこのあたりを押さえておいてください。

3.5.2 始め方

　Cloud SQLをGCPコンソール上から有効化し、Web UIからアクセスしてテーブルを作成するための手順について説明します。Cloud SQLの操作方法は、以下の3つがあります。本項では、Web UIを利用してCloud SQLを操作する手順について説明します。

- Web UI
- コマンドラインツール（gcloud sql）
- REST API

　具体的には、MySQL第2世代を用いて以下の操作を行う手順について説明します。

- インスタンスの作成
- データベースの作成
- Cloud ShellでMySQLクライアントを使用したテーブルの作成

　それでは、実際にCloud SQLに触れてみます。

▍APIの有効化

　概念で説明したとおり、Cloud SQLを利用するためにはGCPプロジェクトを作成する必要があります。GCPプロジェクトの作成手順については、第2章の「2.3　無料トライアルの登録とプロジェクトの作成」を参考にしてください。

　GCPプロジェクトの作成と課金設定が完了したらGCP管理コンソールに接続し、「API Manager」からGoogle Cloud SQLを有効化します。

インスタンスの作成

APIの有効化が完了したら、管理コンソールの左メニューから「SQL」をクリックしてください。

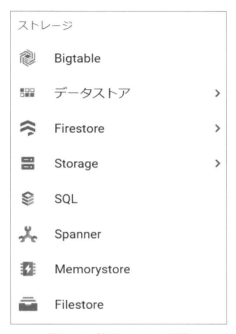

図3.5-1　管理コンソール画面

メニューをクリックするとCloud SQLページに遷移するので、「インスタンスを作成」ボタンを押下して、インスタンス作成画面に遷移します。

インスタンス作成画面に遷移後、データベースエンジンの選択を行います。ここでは「MySQL」を選択して、「次へ」ボタンを押下します。

推奨されているMySQL第2世代のうち、最も安価な「MySQLの開発」のボタンを押下します。

図3.5-2　MySQL第2世代の選択画面

　インスタンス作成画面に遷移後、インスタンス情報の入力を行い、「作成」ボタンを押下します。各項目の詳細に関しては、GCP公式サイトのCloud SQLドキュメントを参考にしてください。

図3.5-3　MySQL第2世代インスタンスの設定画面

インスタンスの作成が完了すると、Cloud SQLのインスタンス一覧画面に遷移します。作成したインスタンスの詳細を見るために、インスタンスIDをクリックします。

▌データベースの作成

インスタンスの詳細画面に遷移後、「データベース」タブを選択します。インスタンス作成時に作成されたデフォルトのデータベース（MySQLサーバーの情報を持つデータベースのメタデータ用）が存在しています。「データベースを作成」ボタンを押下して、データベースを作成します。

図3.5-4　データベース作成画面

ダイアログが表示されるため、データベースの情報の入力を行い、「作成」ボタンを押下します。

データベースが作成されると、インスタンス詳細画面の「データベース」タブに作成したデータベースが追加されます。

Cloud ShellでMySQLクライアントを使用したテーブルの作成

インスタンスの詳細画面の「概要」タブを選択します。「このインスタンスに接続」の下部にある「Cloud Shellを使用して接続」ボタンを押下します。

図3.5-5　インスタンス接続への接続方法（その1）

「Cloud Shellを使用して接続」ボタンを押下すると、図3.5-6のように画面下部にコンソールが表示され、インスタンスに接続するためのコマンドが入力されているため、「Enter」キーを押下します。

図3.5-6　インスタンス接続への接続方法（その2）

　しばらくすると、インスタンスへ接続するためのパスワード入力を求められるため、インスタンス作成時に入力したrootユーザーのパスワードを入力します。パスワードを入力すると、インスタンスに接続されます。ここからは通常のMySQLと同様に、接続するデータベースを選択して、テーブル作成のコマンドを実行します。

　以上で、Cloud SQLのインスタンスを作成してテーブルを作成するまでの手順の説明は終了です。このようにWeb UI上だけで、ソフトウェアのインストールなしにデータベースを使用することができます。また、今回は省略しましたが、インスタンスの作成時にデータベースを構築する際に必要となるマシンタイプとストレージ、自動バックアップ、レプリケーション、フェイルオーバーなどの設定が可能で、非常に簡単にデータベースの構築を行うことができます。

3.5.3 一般的な注意事項

▎Cloud SQLと標準MySQLの機能の違い

　Cloud SQLはすべてネットワークファイアウォールで守られており、インスタンスへのネットワークアクセスを制御することができます。それに加えて、標準のMySQLの機能の権限設定によるアクセス制限も可能なため、両方の設定を行うことで外部からのアクセスが可能となります。また、Cloud SQLインスタンスが提供するMySQL機能は、標準のMySQLインスタンスと違いがあり、いくつかサポートされていない機能、ステートメント、関数、クライアントプログラム（コマンド）があります。サポートされていない機能は、以下のとおりです。

- ユーザーが定義した関数
- InnoDB memcachedプラグイン
- Federated Engine
- SUPER権限

　また、サポートされていないステートメント、関数、クライアントプログラム（コマンド）の詳細に関しては、GCP公式サイトのCloud SQLドキュメントを参考にしてください。
　https://cloud.google.com/sql/docs/features?hl=ja#differences

▎Cloud SQLと標準PostgreSQLの機能の違い

　Cloud SQLインスタンスが提供するPostgreSQL機能は、標準のPostgreSQLと違いがあります。サポートされていない機能は、以下のとおりです。

- SUPERUSER権限を必要とする機能
- カスタムバックグラウンドワーカー（独自のバックグラウンドワーカーをモジュールとしてロードすることができる機能）
- Cloud Shellのpsqlクライアントは、再接続を必要とするオペレーションに対応していません。例えば、￥cコマンドを使用して別のデータベースに接続することはできません。

第4章

高度なサービスを知ろう（その1）

　第3章ではGCPの基本的なサービスを紹介しましたが、本章ではGoogleならではのサービスも含めた、GCPのより特徴的な機能をご紹介します。GCPをより高度に使いこなすことで、クラウド活用によるメリットがさらに大きくなりますが、逆にベンダーロックインするリスクも高くなります。

　Googleでは特に、大規模分散環境に特化したサービスが数多く出てきています。価格性能比やスケーラビリティでは、ほかのクラウドと比較しても強力でしょう。ぜひ、今後の潮流となり得るIoTや機械学習のベースとして使われてはいかがでしょうか。

4.1 Kubernetes Engine (GKE)

　Kubernetes Engine（クーバネイティスエンジン）は、その名のとおりGoogleが開発したKubernetesというオープンソースのコンテナオーケストレーションツールのマネージドサービスです。Kubernetes自体はオンプレでも動作し、ほかのクラウドでもサポートが表明されています。そのため、GCPにベンダーロックインされるわけではなく、Docker×Kubernetesの環境であれば容易に移行が可能なサービスなので、安心して利用できるというメリットがあります。

　コンテナ仮想化はGCPのあらゆるサービスのベースを担っているもので、GAEやBigQueryなど、ほかのサービスもすべて基本的にはコンテナの上で動作しています。コンテナ自体の説明は下記のコラムのとおり、軽量な仮想マシンサービスだと理解していただければここでは十分です。コンテナエンジンでは、そのサービスのデプロイやリソースの管理を自動化してくれます。

　GKEのイメージを図4.1-1に示します。ノードが複数集まったものをクラスタと呼びます。クラスタの中にサービスを定義し、サービス自体は複数のPod（＝Dockerコンテナ）によりサービス提供を担います。Podはクラスタ内でオートスケールさせることが可能です。さらに、クラスタ自体も構成するインスタンスグループの設定によりオートスケールしたり、サイズを容易に変更できます。

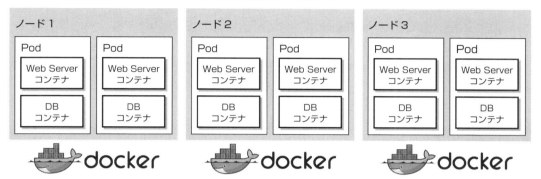

図4.1-1　GKEのイメージ図

Column ▶ Dockerとコンテナ

Dockerは、Linuxコンテナで稼働するアプリケーションの実行環境を構築したり、構築後の管理ができるOSSミドルウェアで、Dockerの起動時間は通常のサーバーやVMインスタンスより高速です。Linuxが稼働している環境（GCPであればGCE）で利用可能です。

コンテナは、Dockerコンポーネント（アプリケーション、実行モジュール、ミドルウェア、ライブラリ、OS、ネットワーク設定、インフラ設定）をDockerコンテナで管理します。

図4.1-1を見ると、Docker上に複数のコンテナがあることが分かります。ただし、コンテナがたくさんあると管理が大変になるので、Dockerコンテナを管理しやすくする目的でオーケストレーションツールが登場しました。その1つがKubernetes（クーバネイティス）です。

4.1.1 Kubernetes Engineの特徴

GCP公式サイトにも記載がありますが、大きく分けて以下の6つがKubernetes Engineの特徴になります。

- フルマネージド
  クラスタをセットアップし、サービスをアップしたらその後はすべてGoogleで運用します。インス

タンスやネットワークなどの障害に対して、インフラエンジニアが対処する必要は基本的になく、安心してサービスを提供することができます。必要なのは、アプリケーション部分のアップデートのみです。

- プライベートな Container Registry
  Container Registry を活用することで、プライベートな Docker イメージの保存とアクセスが容易に可能です。プロジェクト内で閉じた Registry になるので安全です。

- スケーラブル
  PaaS（GAE）のように、アプリケーションに対する要求に応じてサービスをスケールさせることができます。ロードバランサも自動的に設定されるため、クラスタのオートスケールと合わせることでアプリケーションを自動的にスケールさせることも可能です。

- Docker のサポート
  広く使われている Docker フォーマットをサポートしているため、移行（利用開始や停止）が容易です。

- ロギング
  チェックボックス1つで Cloud Logging と連携が可能で、すべてのログを Cloud Logging で管理できます。

- ハイブリッドネットワーキング
  コンテナクラスタのための IP アドレス範囲を予約できます。CloudVPN などでローカル環境とつなげた場合でも、プライベート IP の共存が可能です。

Kubernetes Engine は、1プロジェクトにつき5ノードまでは無料です（インスタンスの費用のみ）。6ノード以降でもクラスタ単位で0.15ドル／時間なので、月額にしても1,000円程度という金額です。上記のメリットを考慮すると、非常に安価と言えます。ただし、別途 ContainerRegistry や Cloud Logging、CloudVPN などを利用すると、それぞれの費用は必要になります。

4.1.2 Kubernetes Engineを始めてみよう

コンテナエンジンは図4.1-2のように、管理コンソールの中の「コンピューティング」にあります。

図4.1-2　Kubernetes Engine（GKE）

クリックすると図4.1-3のような画面になりますので、「クラスタを作成」ボタンを押下してクラスタを作成してみましょう。

図4.1-3　クラスタの作成画面（その1）

以降、図4.1-4の画面となりますので、図表を参照して入力していってください。

図4.1-4 クラスタの作成画面(その2)

表4.1-1 クラスタの作成画面の入力項目

項目	説明
名前	コンテナクラスタを識別する名称。プロジェクト内で一意になる必要がある。
説明	省略可。日本語も使えるので任意の説明を入れる。
ロケーション	ゾーンとリージョン（ベータ版）から選択する。本書ではゾーンを選択。

（次ページへ続く）

表4.1-1 クラスタの作成画面の入力項目(続き)

項目	説明
ゾーン	世界中のゾーンから選択可能。
クラスタのバージョン	1.7系～1.9系のバージョンから選択可能。
マシンタイプ	GKEのクラスタのベースになるマシンの種別を選択可能。
ノードイメージ	cos／Ubuntuのいずれかから選択可能。基本はcosを選択。cosは「Container-Optimized OS from Google」の略名。
サイズ	クラスタのサイズ（ノード数）。クラスタ数×マシンタイプによる稼働時間の費用がクラスタ費用として、ベースの課金がかかる。デフォルトでは、n1-standard-1 (vCPU×1、メモリ3.75GB) インスタンスが3台起動する。

その他はデフォルトのままとし、「作成」ボタンを押下してください。

注意点として、ノード当たりのブートディスクのサイズは、デフォルトで100GBになります。これは、コマンドラインの場合は「--disk-size」で指定が可能です。ディスク容量についても別途課金が発生しますので、適切なサイズにするべきでしょう。一度クラスタ起動してしまうと、マシンタイプやディスクサイズは変更ができません。ただし、クラスタサイズ（合計コア数／メモリ）は変更可能です。

上記とほぼ同じ結果になるコマンドサンプルは、以下のとおりです。

```
gcloud container clusters create test-cluster --zone asia-northeast1-a
```

これでミニマム（サイズ3）のクラスタは作成完了です。

画面で作成できるのは、執筆時点ではここまでです。この後、サービスを定義し、コンテナを作成してアップする作業が必要です。これらの作業は、基本的にKubernetesの操作になり、kubectlというコマンドで実現可能です。以下のチュートリアルから各自でお試しください。

- 単純なハローワールドを表示させる手順
  http://kubernetes.io/docs/hellonode/

- 単一のポッドを使用したWordPressの実行
  https://cloud.google.com/container-engine/docs/tutorials/hello-wordpress?hl=ja

4.1.3 Kubernetes Engineのクラスタサイズを変更・修正する

対象のコンテナクラスタを選択すると、図4.1-5のような画面になります。

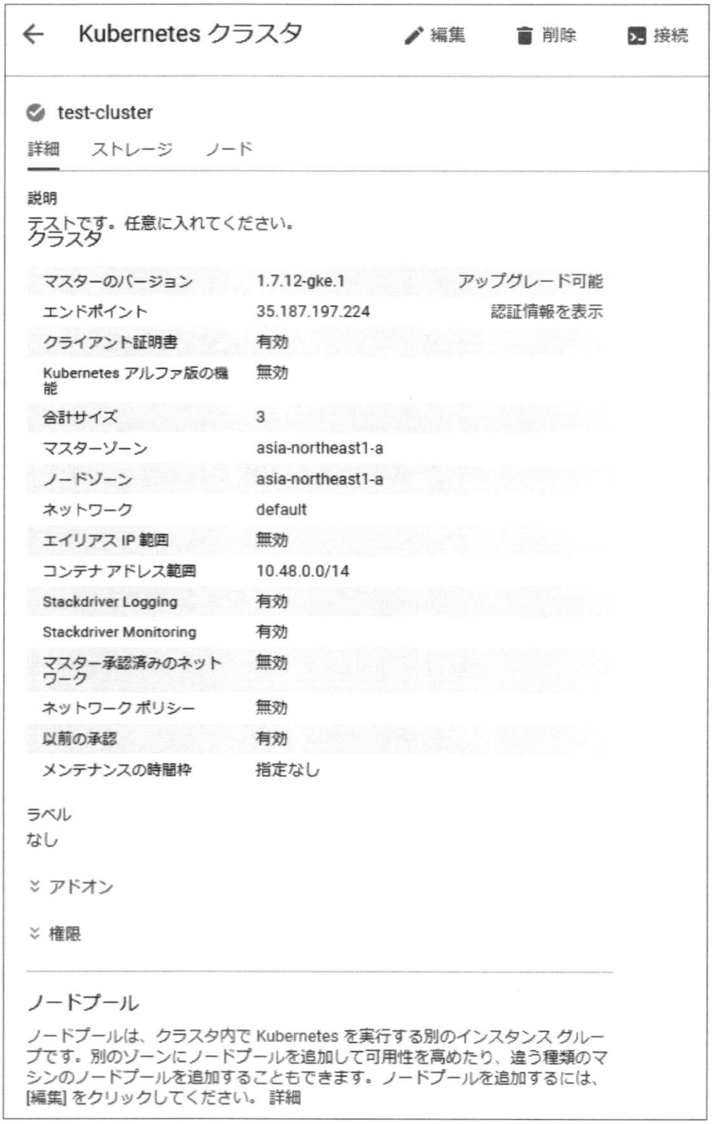

図4.1-5　クラスタ設定／編集画面

Kubernetesクラスタ画面内の「編集」ボタンをクリックすると、クラスタサイズの変更やオートスケールなどの設定が可能です。同画面の一番下にある「gke-クラスタ名-」をクリックしてみてください。

　図4.1-6のとおり、GCEのインスタンスグループ画面に移動します。

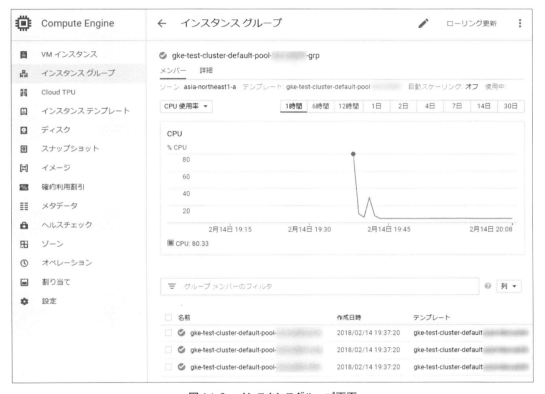

図4.1-6　インスタンスグループ画面

　コマンドでインスタンスグループ名を取得する場合は、以下のとおりです。「test-cluster」を対象のクラスタ名に変更してください。

```
gcloud container clusters describe test-cluster --format="value(instanceGroupUrls)" | awk -F/ '{print $NF}'
```

4.2 ネットワーキング

　GCPにおけるネットワーキングサービスには、大きく分けて以下のメニューのように、「VPCネットワーク」、「ネットワークサービス」、「ハイブリッド接続」、「Network Service Tiers」、「ネットワークセキュリティ」といった項目があります。この中で主に利用されるのは、VPCネットワークとネットワークサービスです。

図4.2-1　ネットワーキング機能

　以下に、それぞれ解説していきます。

4.2.1　VPCネットワーク

　VPCネットワークでは、デフォルトでプロジェクト内に閉じたグローバルなネットワークが構築されています。VPCネットワークで設定可能なサブメニューとして、表4.2-1のサービスがあります。

表4.2-1　VPCネットワークで設定可能なサービス

サブメニュー	説明
VPCネットワーク	デフォルトのネットワークではなく、自由なIPレンジでネットワークを構築したい場合に利用する機能。各リージョンがどのようなIPレンジになっているのかなどもここで確認できるが、簡易な利用の場合には意識する必要はない。
外部IPアドレス	静的・動的にプロジェクト内で払い出されているIPアドレスの一覧が確認できる。ここからIPを払い出すことも可能。
ファイアウォール ルール	ファイアウォールの設定が可能な機能。最低限のSSH、RDP、ICMPなどはデフォルトで許可されているが、HTTP（S）などは設定しないと許可されないため、設定の必要がある。
ルート	VPNを構築したり、サブネットを独自に構築した際に、特殊なルーティングを行いたい場合などに利用する機能。本書では扱わない。
VPCネットワークピアリング	異なる2つのプロジェクト間で、相互にプライベートIP接続が可能になる。
共有VPC	組織内のプロジェクトにおいて、特定のVPCネットワークを他プロジェクトでも利用できるように提供が可能な機能。比較的に大きなインフラ環境で活用する。

　基本的にはGCPの全サービスに対するネットワーク設定というものではなく、GCE（＋GKE）に対するネットワークと考えてください。CloudDNSだけはGCEを利用しなくとも単独でも利用可能ですが、ほかはすべてGCEに対するアクセスを制御するものです。

GCEのネットワークの特徴

　GCEのグローバルネットワークの特徴は、以下のとおりです。

- 自由にネットワーク定義可能
　SDN（Software Defined Netowk）的に画面やコマンドを通じて任意のネットワーク定義をすることが可能であることはもちろんですが、オンプレとの接続や他プロジェクトと共有したり、その間の通信もファイアウォールでセキュアにしたりと、すべてSDN的に管理可能です。

- 外部との通信にはグローバルIPが必要
　内部からも外部からも、グローバルIPを持ったマシンが必要になります。ロードバランサ経由の

場合、グローバルIPを持たないインスタンスに通信が可能です。

- **GCEとそれ以外は別**
  これはGCEのサービスについての基本的な考え方です。GCPのほかのサービスは、それぞれマネージドでネットワーク構成などは実施してくれますが、基本的にプロジェクト内でも外部サービスとして考える必要があり、プライベートネットワーク同士での通信などはできません。しかし、将来的に修正が入る可能性は高いとは思われます。

- **グローバルなネットワークが構築済み**
  繰り返しになりますが、これが最もGoogleらしいところでもあります。世界中に自前のネットワークが構築済みであることから、その上に仮想的にプロジェクト単位でのグローバルなプライベートネットワークが構築されているところから始められます。不要であればデフォルトネットワークを削除し、自前のネットワークのみにしてしまうというのもOKです。

- **非常に高速**
  ゾーン間やサーバー間は、ローカルにあると思って問題ない遅延（1ミリ秒以下）で大容量の回線があると考えてよいです。リージョン間においても、Googleの高速化技術を利用した高速なネットワークがあります。

4.2 ネットワーキング

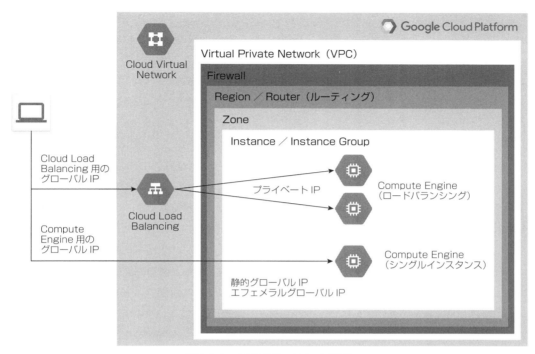

図4.2-2　GCPのネットワーク概要

図4.2-2では、「Googleの高速化技術を利用した高速なネットワーク」を実現させているGCPネットワークの構成を示しています。以下に、図内の用語について説明します。

- Google Cloud Virtual Network
  仮想ネットワークを構築できるマネージドサービスであり、地球規模のGoogle／GCPネットワークをSDN技術で実現させています。

- Virtual Private Network（VPC）
  デフォルトのネットワークは10.x.x.0/20で、GCPの全リージョンで作成されています。デフォルトゲートウェイは10.x.x.1となります。また、東京リージョン限定の独自ネットワーク（サブネット）を10.0.0.0/9のように生成することができます。

- Firewall
  GCPには「タグ」という便利な機能があり、例えばThe Internet（0.0.0.0/0）から8080ポートで通信させるルール、特定のグローバルIPアドレスやプライベートIPアドレスに通信させるルー

ルを作成する際に、タグ名(例:www01、db01)を付与することで、GCPの各サービスの通信ルールを「タグ」で制御できます。後述するResion／RouterやZoneの上位に位置するところが特徴です。

オンプレミスで考えると、Routerの下にFirewallを設置するのが一般的ですが、GCPという巨大なパブリッククラウドを効率的に制御するために、この位置にFirewallがあります。

- Region／Router(ルーティング)
Regionは地域を意味し、東京リージョンや台湾リージョンと世界中に点在しています。
Routerはネットワークの経路を制御する際に使います。面白いところはネクストホップにインスタンスを直接指定することもでき、自由度が高いルーティングが可能です。

- Zone
ZoneはRegionに複数あるデータセンターを意味し、Googleが独自開発したラック、サーバー、ネットワーク機器が収容されています。さらに、Googleの強靭なネットワークでZone間／Region間と接続されています。データセンターの場所は公表していますが、コロケーション(通信事業者が管理する施設)は非公開です。これは日本のクラウドやVPSを提供している企業と同じ考え方です。

- Instance／Instance Group
InstanceはVM(Virtual Machine)を意味し、Zone内にGCEやGCPの各サービスを機能させています。Instance Groupは負荷分散を実現させるために、GCEを束ねて1つのグループにすることを意味します。

- Cloud Load Balancing
図内のCloud Load Balancingは、HTTP(S)負荷分散用のレイヤー7ロードバランサ(Global Load Balancer)です。
Cloud Load BalancingはTCP/UDP負荷分散用のレイヤー4ロードバランサもありますが、インターネットを経由しないネットワーク内部で複数のVMを負荷分散することもできます。大規模なアプリケーションのバックエンドVMの負荷を分散してくれます。

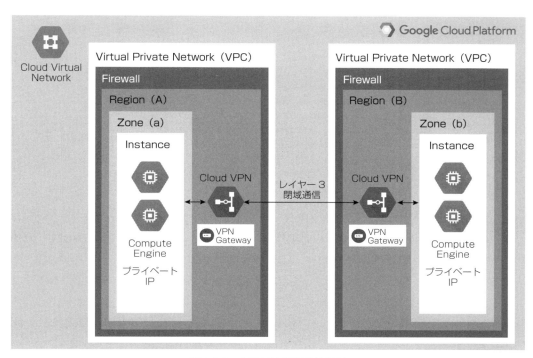

図4.2-3　GCPのVPN通信概要

図4.2-3では、VPN（Cloud VPN）のネットワーク構成を示しています。

- 通常、VPN通信を実現させるVPNは異なるネットワークアドレス空間と接続するのが一般的であるため、図内の2つのVirtual Private Network（VPC）にあるRegion（A）と（B）にVPN Gatewayを配置し、VPNでレイヤー3閉域通信（IPsec接続）を行っています。
- GCPには「VPCネットワークピアリング」が可能ですので、要件に応じて最適なサービスを選定すればよいでしょう。また「相互接続（GCPとオンプレミスとの接続）」がありますが、上図をイメージできるとネットワーク設計の応用範囲が広がります。

GCEのデフォルトネットワークの詳細とサブネット

では、早速GCEのデフォルトで作成されているネットワークとサブネットについて確認しながら、その詳細を理解していきましょう。

管理コンソールで「コンピュート」-「ネットワーキング」をクリックします。図4.2-4のように、デフォルトで作成されているネットワークが確認できます。

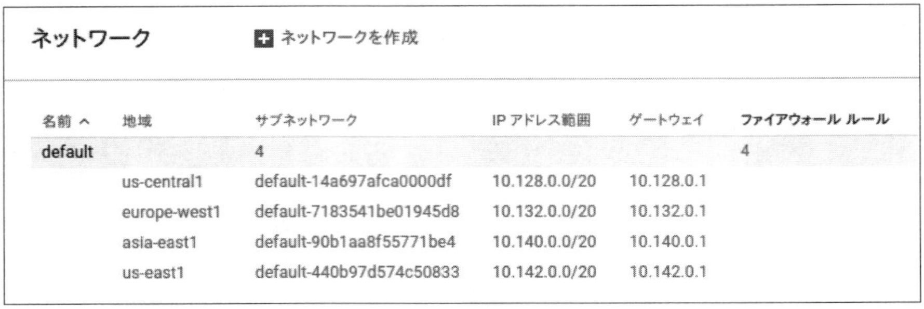

ネットワーク		ネットワークを作成			
名前 ∧	地域	サブネットワーク	IPアドレス範囲	ゲートウェイ	ファイアウォール ルール
default		4			4
	us-central1	default-14a697afca0000df	10.128.0.0/20	10.128.0.1	
	europe-west1	default-7183541be01945d8	10.132.0.0/20	10.132.0.1	
	asia-east1	default-90b1aa8f55771be4	10.140.0.0/20	10.140.0.1	
	us-east1	default-440b97d574c50833	10.142.0.0/20	10.142.0.1	

図4.2-4　GCEのデフォルトネットワーク

　defaultネットワークには、サブネットワークが4つあり、ファイアウォールルールが4つ設定されています。サブネットワークは現状あるすべてのリージョン（4つ）に対して、それぞれサブネットマスク20の範囲（0.1～15.254の範囲でホストアドレス数として4094個）で割り当てられていることが分かります。また、各IPアドレス範囲の最初のアドレスはゲートウェイとして利用されるため、一般のインスタンスなどには割り当てができません。

　ネットワークの説明に欠かせないファイアウォールルールについても同時に確認します。左メニューから「VPCネットワーク」-「ファイアウォールルール」をクリックします。

図4.2-5　ファイアウォールルール（その1）

　デフォルトで図4.2-6のようなファイアウォールルールが作成されています。

図 4.2-6　ファイアウォールルール（その2）

defaultネットワークとして、以下のように設定されています。

- 1行目はICMPプロトコルをすべての環境（0.0.0.0/0指定は外部含めすべてのIP）からすべてのターゲットに対して適用されるルールとして許可しています。
- 2行目は10.128.0.0/9なので、10.128.0.1 〜 10.255.255.254ということで、実際の割り当てられているサブネットをすべて以上にカバーする範囲について、内部IPということでtcp、udpとicmpの全ポートを許可しています。
- 3、4行目は1行目と同様、WindowsのRDP用のポート（tcp3389）とSSHポート（tcp22）をすべてからすべてに許可しています。

2行目がないと、ネットワーク内部のサーバー同士でもICMPとSSH、RDP以外は通りません。

デフォルトネットワークについては以上です。

新しくネットワークを作成することもできますが、オンプレミス環境などとつなぐ場合（もしくはホストアドレスが不足するような場合）でなければ通常は不要でしょう。新しいネットワークを作成する場合は、RFC1918で規定されているプライベートIP（10.0.0.0/8、172.16.0.0/12、192.168.0.0/16）の範囲内を指定する必要があります。また、ファイアウォールルールも独自に設定しないと、全く通信できないことになります。

なお、このプライベートネットワークについては、基本的に課金がありません。

4.2.2 外部IPアドレス

利用している外部IPアドレスの一覧が確認可能になります。

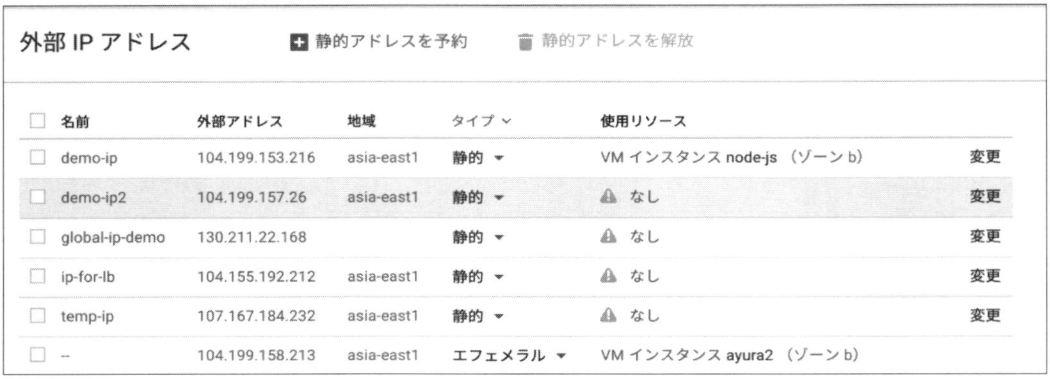

外部 IP アドレス　静的アドレスを予約　静的アドレスを解放

名前	外部アドレス	地域	タイプ	使用リソース	
demo-ip	104.199.153.216	asia-east1	静的	VM インスタンス node-js （ゾーン b）	変更
demo-ip2	104.199.157.26	asia-east1	静的	なし	変更
global-ip-demo	130.211.22.168		静的	なし	変更
ip-for-lb	104.155.192.212	asia-east1	静的	なし	変更
temp-ip	107.167.184.232	asia-east1	静的	なし	変更
--	104.199.158.213	asia-east1	エフェメラル	VM インスタンス ayura2 （ゾーン b）	

図4.2-7　外部IPアドレス一覧

名前の部分が「-（ハイフン）」になっているのはエフェメラルで、固定していないものです。ここから簡単に静的に変更することが可能です。

地域が空のものはグローバルなIPになり、グローバル転送ルールと共に利用されるものです。

この画面で使用リソースの箇所が「なし」になっているものについては、追加で課金（1時間当たり0.01ドル）が発生します。

外部IPの種類

外部IPは大きく分けて、地域別／グローバルの区別と静的／エフェメラルの違いがあります。いずれの場合においてもIP自体の指定は不可能で、Googleから払い出されたIPを利用することになります。

表4.2-2　地域別／グローバルの違い

種類	説明
地域別	通常のインスタンスやネットワークロードバランサなどに割り当てが可能になるもの。その地域内のリソースに対して割り当てが可能。グローバルロードバランサには利用できない。
グローバル	グローバルロードバランサ（HTTP（S）LB）にのみ紐付けられるIPアドレス。

表4.2-3　静的／エフェメラルの違い

種類	説明
静的	インスタンスなどのリソースに割り当てていない場合にも確保されるIPアドレス。ただし、割り当てが外れている状態の場合には、1IPアドレス当たり1時間で0.01ドルの費用が発生する。
エフェメラル	グローバルIPアドレス。ただし、このアドレスは固定ではないので、Podを再起動した際などに変更される。

金額・課金体系

　GCPのネットワーク全般に言えることですが、ネットワークに関する費用は、クラウドに向けてアップするデータについては無償で、ダウンやリージョンをまたぐ通信については総通信量（GB）に対して課金されます。さらに、その通信量によって値下げがあり、かつダウンロード先のリージョンとデータをダウンする元のリージョンによっても微妙に単価が変わってきます。

　日本の皆さんの大半は日本のリージョンから日本にデータ転送すると考えられるので、日本リージョンを前提とすると、日本リージョンから他リージョンやインターネットへの転送のケースでは、表4.2-4のような金額になります。

表4.2-4　データ転送量料金

月間のデータ転送量	日本含む世界や他リージョンへの下り転送量に対する課金額（香港以外の中国とオーストラリアのみ別料金）
0〜1TBまで	$0.14/GB
1〜10TBまで	$0.14/GB
10TB〜	$0.12/GB

　Cloud CDNや閉域接続系のサービスや割安なスタンダード階層を利用した場合は、別料金になります。同一リージョン内のゾーン間のデータ通信は、$0.01/GBの課金が発生します。

　その他、利用していない確保したグローバルIPや、負荷分散装置のルールに課金が発生します。ネットワーク系で発生する課金としては以上になります。ネットワーク自体はFromとToによって細かい金額が変わる点を除くと、シンプルな課金体系と言えます。

4.2.3 ネットワークサービス

表4.2-5　ネットワークサービス

サブメニュー	説明
負荷分散	一般的に言うロードバランサの機能を提供する。HTTP (S) 負荷分散、TCP負荷分散、UDP負荷分散のサービスがある。
Cloud DNS	一般的なDNSサーバー機能を提供する。GCEからは独立しており、この機能を利用するかどうかは他機能とは基本的に関係・関連がない。
Cloud CDN	CDN (Contents Delivery Network) の機能を提供する。GCSやGAEではフロントエンドキャッシュがデフォルトで提供されるが、GCEやロードバランサについてはこちらの機能を利用することで、Googleのエッジポイントでキャッシュして返すことが可能になる。
Cloud Launcher	サードパーティのネットワークサービスなどをワンクリックで追加できるサービス。プリインストールイメージのインスタンスが簡単に起動するというもの。

4.2.4 ハイブリッド接続

表4.2-6　ハイブリッド接続

サブメニュー	説明
VPN	インターネットVPNを設定し、プライベートIPでGCEと特定のネットワークを接続できる機能。一般的な設定で非常に簡易にプライベートIP接続を実現することが可能。 GCP側のVPNエンドポイントはこちらで設定するだけでマネージドで構成されるため、運用管理が非常に簡易になる。
相互接続	オンプレやほかのデータセンターなどとネットワーク接続を行うサービス。Dedicated Interconnectやキャリアピアリングなどの接続方法があるが、一般的にはネットワークプロバイダーに相談して行うものになるため、本書では扱わない。
クラウドルータ	BGPを利用した大規模なルート更新を行う場合に利用する。初級的な利用ではないため、本書では扱わない。

4.2.5 Network Service Tiers

　GCPのデフォルトのネットワークをプレミア階層と呼び、Googleのネットワークをなるべく使わず、すぐにインターネットを使うようにすることをスタンダード階層と呼びます。スタンダードの方が、サービス品質（速度など）が低い代わりに安くなります（2018年6月時点で約1割程度）。

　スタンダード階層は2018年になって登場した概念・サービスになりますが、主に他クラウドとの差別化のために定義されたようなもので、よほどネットワークの価格を抑えたいケース以外に利用することは少ないと思われます。一般的には、低遅延のプレミア階層（デフォルト）を利用しておけば問題ありません。

4.2.6 ネットワークセキュリティ

　ロードバランサのSSL設定を細かく指定したり、Cloud Armor（2018年6月執筆時β）と呼ばれるロードバランサレイヤーでのセキュリティ機能追加などを行えるサービスです。今後、ネットワークについてはセキュリティ面を強化していくことが予想されますので、要注目ですが、本書では扱いません。

4.3 Bigtable

　Cloud Bigtableは、Googleが提供するNoSQLデータベースサービスです。実はこのBigtableは、普段私たちが何気なく利用しているサービスの裏側でも実際に使われています。例えば、Google検索、YouTube、Googleマップ、GmailなどのGoogleの主要サービスは、ほとんどBigtableを採用しています。次節で取り上げるCloud Datastoreも、Bigtableをベースとしたサービスになります。このように、BigtableはGoogleサービスを支える重要な基盤サービスであると言えます。

　また、BigtableはApache HBase、Apache CassandraなどのNoSQLデータベースにも影響を与えたと言われており、Bigtableによって現在のNoSQLエコシステムが構築されたと言っても過言ではありません。

　ただし、Bigtableは数テラ、数ペタバイトのような超大容量のデータ処理向けに設計されたデータベースであるため、数ギガ程度のデータ処理を実行する場合、本来の性能を実感することはできないでしょう。処理するデータ量によっては、Bigtableではなくほかのデータベースを採用した方がよいケースもあります。

4.3.1 Bigtableの特徴

Cloud Bigtableは、以下のような特徴を持っています。

- 高パフォーマンス
  Bigtableはデータ量やアプリケーションの種別にかかわらず、低レイテンシ・高スループットを実現します。Google検索が数百ペタバイトのインデックスを保存しているにもかかわらず、高速なパフォーマンスを実現できているのは、このBigtableのパフォーマンスがあるからです。

- セキュリティ
  Bigtableは、ほかのGoogleストレージサービス同様、データを物理ストレージに書き込む前にデータの暗号化を行います。暗号化はGoogleの鍵管理サービス（Cloud Key Management Service）から取得した鍵を利用して行われ、保存データはAES256またはAES128を使用して、ストレージレベルで暗号化されます。

- **フルマネージド**

  Bigtableはフルマネージドサービスのため、データベース管理者や性能・スケーラビリティのチューニングは必要ありません。開発者は、マスター、リージョン、クラスタ、ノードを管理する必要はないため、テーブルのスキーマ設計のみに集中することができます。

- **スケーラビリティ**

  Bigtableはクラスタ内のマシン台数に比例してスケールします。Google検索で数百ペタバイトのインデックスデータを滞りなく処理できるのは、Bigtableが自動的にプロビジョニングとスケーリングを行うからです。デプロイ設定への変更は瞬時に行われるため、ダウンタイムは発生しません。クラスタサイズの変更後は、通常数分ほどの負荷を与えた状態で放置するだけで、クラスタ内の全ノードで均等なパフォーマンスが得られます。

4.3.2 アクセス権の制御

Bigtableのアクセス制御は、プロジェクトのIAMで設定できます。ただし、テーブル、行、列、セル単位でのアクセス制限はサポートしていません。設定可能な権限[注1]は以下のとおりです。

- プロジェクト内のテーブルに対する読み取り権限
- プロジェクト内のテーブルに対する読み取り・書き込み権限
- プロジェクト内のテーブルに対する読み取り・書き込み権限・インスタンス管理権限

4.3.3 最適な用途

Bigtableは、高いスループットとスケーラビリティを要求されるアプリケーションに最適です。それ以外にもストリーム処理と分析、機械学習アプリケーションといった用途におけるストレージエンジンとしても優れています。

Googleの公式ドキュメントでは、以下のような用途がBigtableに最適であると紹介されています。

- マーケティングデータ。購入履歴や顧客の好みなど
- 金融データ。取引履歴、株価、外国為替相場など
- IoT（モノのインターネット）データ。電力量計と家庭電化製品からの使用状況レポートなど

注1 より小さい操作レベルの権限はカスタムロールで設定可能ですが、あまり一般的ではありません。

- 時系列データ。複数のサーバーにおける時間の経過に伴うCPUとメモリの使用状況など

ただし、スループットやスケーラビリティが要求されないアプリケーションの場合は、ほかのデータベース（Cloud SQLなど）を検討した方がよいかもしれません。

4.3.4 パフォーマンスについての注意点

前述したとおり、Bigtableは高いスループットとスケーラビリティを要求されるアプリケーションに適したサービスです。ただし、使い方によってはBigtableのパフォーマンスを十分に発揮できない可能性があります。本項では、Bigtableのパフォーマンスを低下させないための注意点について説明します。

Googleが提示するパフォーマンス予測値

Googleは、Bigtableが通常のワークロードを与えた場合、表4.3-1のような高パフォーマンスが実現できることをデータとして提示しています。これらの数値はあくまでGoogleの予測値であり、ノード当たりのパフォーマンス負荷や各レコードのサイズによって変化する可能性があります。一般にクラスタのパフォーマンスはノードの追加によって直線的に向上しますので、性能を向上させたい場合はノードを追加するとよいでしょう。

表4.3-1　パフォーマンス予測値

ストレージ	読み取り	書き込み	スキャン
SSD	10,000QPS @ 6ミリ秒	10,000QPS @ 6ミリ秒	220MB/秒
HDD	500QPS @ 200ミリ秒	10,000QPS @ 50ミリ秒	180MB/秒

※ QPSは秒間当たりのクエリ数を意味します。1クエリは、単一行に対する1回の読み取りまたは書き込みオペレーションとなります。

パフォーマンスの改善方法

Cloud Bigtableにおけるパフォーマンスの改善方法について説明します。

- 適切なワークロード
  テストデータが少量（300GB未満）、もしくはテスト期間が短い場合（数秒間）、Cloud Bigtableは、良好なパフォーマンスが得られるような形でデータの負荷分散を図ることができません。アクセスパターンを学習させるために十分なテスト期間を設ける、もしくはデータ量を増加させる必要があります。

- クラスタを構成するノード数の増加
  クラスタが過負荷状態になった場合、ノードを追加するとパフォーマンスが向上します。モニタリングツールを使用して、クラスタが過負荷状態になっているかどうかチェックし、必要であればノード数を追加してください。

- クラスタ拡張直後の待機
  クラスタにノードを追加した後、クラスタのパフォーマンスを向上させるには時間がかかります。クラスタを拡張させた場合は、20分間は負荷を与えた状態で放置してください。

- SSDディスクの利用
  パフォーマンスを重視する場合、HDDではなくSSDディスクを利用すべきです。SSDディスクを使用すると、HDDディスクに比べてパフォーマンスが大幅に向上します。

- 本番インスタンスの利用
  インスタンスを作成する場合、「開発」または「本番」からインスタンスタイプを選択することができますが、開発インスタンスのパフォーマンスは単一のノードインスタンスと同等です。あくまで開発インスタンスは、テスト・開発用のインスタンスのため、運用には本番インスタンスを利用してください。

- アプリケーションのゾーン
  Bigtableと接続するアプリケーションは、Bigtableと同一ゾーンで稼働させるべきです。同一ゾーンに設置することでスループットが改善され、読み込み・書き込みのパフォーマンスが向上する可能性があります。

4.3.5 Bigtableの始め方

それでは実際にBigtableに触れてみましょう。本項ではBigtable APIを有効化し、インスタンスを作成するための手順について説明します。

APIの有効化

Bigtableを開始する場合、最初にBigtable APIを有効化する必要があります。Cloudコンソールの左メニューから「APIとサービス」-「ライブラリ」を選択し、APIライブラリ画面に遷移します。遷移後、「bigtable」を検索すると「Cloud Bigtable API」のパネルが表示されるので、そちらをクリックします。

図4.3-1　Cloud Bigtable APIのパネル

パネルをクリックすると、Bigtable APIの詳細ページに遷移します。「有効にする」ボタンを押下し、APIの有効化を行ってください。

図 4.3-2　Bigtable APIのページ

　ボタンを押下すると、画面がリロードされ、Bigtable APIの管理画面に遷移します。「無効にする」リンクが表示されていれば、APIの有効化は成功です。これでBigtable APIが利用できる状態になります。次はBigtableインスタンスを作成してみます。

図4.3-3　Bigtable APIの有効化

▌インスタンスの作成

　APIが有効化されたら、いよいよBigtableを開始することができます。左メニューから「ストレージ」-「Bigtable」を選択してください。

図 4.3-4　GCP コンソール画面（Bigtable）

　メニューをクリックすると Bigtable ページに遷移するので、「インスタンスを作成」ボタンをクリックし、インスタンス作成画面に遷移します。

図 4.3-5　Bigtable インスタンス作成画面

　インスタンス作成画面に遷移後、インスタンス情報の入力・選択を行います。各項目データの詳細については、表 4.3-2 を参考にしてください。

図4.3-6　Bigtableインスタンス設定画面（その1）

　各項目を入力すると、「パフォーマンス」と「費用」に予測されるQPSと月額料金が表示されます。問題なければ「作成」ボタンを押下します。

図 4.3-7　Bigtable インスタンス設定画面（その 2）

表 4.3-2　Bigtable インスタンス作成の入力項目

入力・選択項目	説明
インスタンス名	インスタンスの表示名を入力する。
インスタンス ID	インスタンスの ID を入力する。ID に利用できる文字は小文字・数字・ハイフンのみ。ただし、ID は永続的に変更不可能。
インスタンスのタイプ	インスタンスのタイプを「本番」または「開発」から選択できる。本番を選択した場合、ダウングレードを実行することはできない。開発を選択した場合は、後で本番にアップグレードが可能。
クラスタ ID	クラスタ ID を入力する。ID に利用できる文字は小文字・数字・ハイフンのみ。ただし、ID は永続的に変更不可能。
ゾーン	クラスタデータを保存するゾーンを指定する。アプリケーションの近くにインスタンスを設置することでレイテンシが低減し、スループットが向上する。
ノード	ノード数を入力する。最小ノード数は 3。スループットと 1 秒当たりのクエリ数（QPS）の容量を増やしたい場合は、ノード数を増やす必要がある。

（次ページへ続く）

表4.3-2　Bigtableインスタンス作成の入力項目（続き）

入力・選択項目	説明
ストレージの種類	SSDまたはHDDを選択する。SSDを選択した場合は、レイテンシが低く、読み取りQPSが高くなる。一般に広告配信やモバイルアプリのレコメンデーションなどのリアルタイム配信に使用する。HDDを選択した場合は、ランダム読み取りのレイテンシが高くなる。スキャン性能は高く、一般に機械学習やデータマイニングなどの一括分析に使用する。

　インスタンスの作成が完了すると、Bigtableのインスタンス一覧画面に遷移します。編集したい場合は、インスタンス名をクリックします。ただし、変更できるのは「インスタンス名」と「ノード数」のみです。

図4.3-8　Bigtableのインスタンス一覧画面

　以上で、Bigtableのインスタンス作成手順の説明は終了です。BigtableにはREST APIとAPIをラップしたクライアントライブラリが提供されていますので、テーブルの作成やデータの書き込み・読み込みについては、それらのAPIやライブラリを利用してみてください。

4.3.6　Bigtableのまとめ

　上述したとおりBigtableはフルマネージドサービスであるため、ユーザーは性能・スケーラビリティを気にする必要がありません。月間の視聴ユーザー数が十億を超えるYouTubeの裏側で動作するデータベースであるという事実が、それを証明しています。
　ただし、Bigtableはあくまでキーバリューストアのデータベースであるため、指定条件に対する検索は強くありません。複雑な検索を行うシステムを構築したい場合は、Bigtableが適切だとは言えません。

しかし、GCPではBigtableと同じような高可用性・スケーラビリティを実現しながらも、SQLライクな条件検索を行うことができるデータベースも提供しています。それが次節で説明する「Datastore」です。次節では、GAEの標準データベースでもあるDatastoreの仕組みについて説明します。

4.4 Datastore

　Datastoreとは、NoSQLのスキーマレスなデータベースを提供するサービスです。データはキーと複数のプロパティを塊としたエンティティを最小単位として保存し、同一の形式のエンティティをカインドという塊で管理するデータベースです。リレーショナルデータベースになぞらえれば、プロパティはカラム、エンティティはレコード、カインドはテーブルに当たります。スキーマレスですので、カインド内に格納されるエンティティが持つプロパティは自由に定義できます。同一のカインド内のエンティティが、別々のプロパティを持つことが許されています。

　エンティティへのアクセスは、キーを使って同一のキーを持つエンティティを読み込む方法か、GQLというSQLに似た言語を利用します。読み込み方により、データは強整合性となるか結果整合性となるかの違いが発生します。

　Datastoreは広域で大量のサーバーに、マスターを持たずにレプリケーションされているため、非常に高い可用性とスケーラビリティ、耐久性を持っています。しかしこの特性により、データの書き換え頻度が一定の条件の下では制限されたり、複数プロパティを使った検索では予めインデックスを用意しておかなければならない、クエリによる結合ができない、クエリで集計できるのはカウントのみなど、様々な制約があります。

4.4.1 データ構成

　Datastoreでは、データ保存の最小単位をエンティティと呼びます。エンティティは、ほかのデータと区別するためのキーと呼ばれるデータを必ず持ちます。キーは、カインド名、数値もしくは文字列と、祖先キー（後述。任意項目）の2〜3項目を元に作成します。エンティティがどのカインドに属するかを決定するのは、キー値のカインド名によります。プロパティは1つずつ名＝値の構造を取ります。プロパティの名前は文字列である必要がありますが、値は文字列のほか、整数、浮動小数点数、ブール（真偽値）、配列などが持てます。文字列はUTF-8として扱われ、UTF-8で1500バイト以下であれば検索できますが、1500バイトより大きいと検索できなくなりますので注意してください。

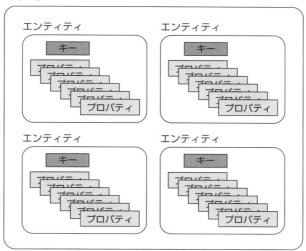

図4.4-1　Datastoreのデータ構成

　キーには親子関係を作成することができます。この親子関係のことを、Ancestorと呼びます。親となるキーに属するエンティティと、子となるキーに属するエンティティを一括で取得することもできます。Ancestor関係のエンティティを一括で取るようなクエリを、Ancestorクエリと呼びます。また、Ancestor関係であるエンティティをまとめて、エンティティグループと呼ぶこともあります。

4.4.2　登録と更新

　エンティティの作成と更新は、専用のAPIを用いる必要があります。APIは、Google公式サイトから出ている各言語向けのクライアントライブラリ、もしくはGoogle App Engine Standard Editionの各言語向けの専用APIが使えます。

　各ライブラリには、エンティティを登録更新するAPIやトランザクションを発行するAPI、クエリを発行するAPI、キーでエンティティを取得するAPIなど、ひととおりの操作を実施するための機能が詰まっています。

4.4.3 整合性（Consistency）

　Datastoreは分散型データベースであり、読み込み（クエリ発行）時の整合性に対して一定の制約をかけることにより、分散処理を効率よくこなすように設計されています。その特徴は2つのキーワードで識別されます。

　1つ目に紹介するのは、強整合性（Strong Consistency）と呼ばれる読み込み整合性です。強整合性が保証されているクエリは、検索したときに最新の状態が常に取得できることが保証されていますが、完了までに時間がかかる場合があります。強整合性は、キーによる検索や一部の祖先クエリの性質です。常に最新の状態を読み込みたい場合は、強整合性になるようにデータの取得手段を工夫するとよいでしょう。

　2つ目に紹介するのは、結果整合性（Eventual Consistency）と呼ばれる読み込み整合性です。結果整合性となるクエリは、一般に高速に実行されますが、最新でない結果が返ってくることがあります。これは、更新結果の反映が遅れることがあるという意味です。結果整合性は、一般的なクエリや一部の祖先クエリの性質です。

　それぞれメリット／デメリットがあるので、アプリケーションが必要とするデータは常に最新でなければならないかどうかを意識して選択するとよいでしょう。

4.4.4 インデックス

　Datastoreは分散型データベースです。分散されたサーバーは共用されているため、専用として使用することはできません。すべてのデータをフルスキャンするという行為は、分散されている共用リソースを使うDatastoreでは取りづらい戦略であり、実際にそのようなことはできません。データはインデックスがなければ検索できません。キーを使って検索する場合は、具体的に分散されている特定のノードの、特定の場所に格納されたエンティティを取得するので、インデックスは不要ですが、キーを使わずクエリで検索する場合は、必ずインデックスが必要です。

　インデックスには大まかに2種類あります。

　1つは組み込みインデックスで、あるカインドの、プロパティごとの値をインデックス化して検索や並び替えを可能にするものです。自動で生成するものではありますが、生成しないように設定することもできます。生成しないようにする設定は、エンティティの登録と更新のときに指定します。ただし、1500バイトを超える文字列やblobなど、インデックスに登録するのに適さない値は組み込みインデックスの対象外となります。インデックスがないプロパティを使って検索すると、検索結果が0件になります。

もう1つは複合インデックスです。2つ以上のプロパティを使って検索や並び替えを可能にするものであり、複数の検索条件や並び替え項目を使ったクエリを動かすためには必須です。該当する組合せが存在しない項目を使った検索をすると、エラーが発生します。自動では生成されず、設定ファイルを使い手動で作成します。作成できる数が1プロジェクト当たり200個の制限があるため、使うべきインデックスを慎重に精査する必要があります。インデックスの削除は、gcloud datastore cleanup-index コマンドにて実施します。

複合インデックスは、コマンドにより登録するとBuildingというステータスになります。Buildingのステータスのときは、まだインデックスが存在しないのと同じ状態であるため、Building状態のインデックスを使おうとするとエラーが発生します。Building状態の複合インデックスは、Datastoreのインデックスを初期にビルディングする機能が、ベストエフォートで初期作成をします。初期作成が完了するとServing状態になります。Serving状態になったインデックスは、正常に使えるようになるので、初期作成時は少々待つ必要があります。どのくらい待てばよいかは、ベストエフォートであるため、明示的に時間は示せません。

組み込みインデックスも複合インデックスも、基本的に結果整合性を持つという性質は同じです。これは、データの作成や更新が発生してから、インデックスに反映されるまでには少し時間がかかるということを示しています。利用するプログラムなどでは、結果整合性という性質であることを意識する必要があります。

4.4.5 データ取得

Datastoreから保存したデータを取得するには、キーによる方法とクエリによる方法の2種類があります。キーを指定して直接エンティティを取得する方法と、GQLというSQLライクなクエリ言語もしくはGQLの各言語用に作られているAPIを使って検索して取得する方法の2種類です。

情報の取得時には、前者は強整合性、後者は結果整合性の特性を持っています。この整合性の特性には十分気をつけて設計をしなければいけません。

また後者の方法では、SQLで言う集計関数は提供されず、結合関数も提供されません。よって複数のカインドを結合して検索するには、読み取ったデータを元にさらにクエリを投げる方法を使わなければなりません。データの量によっては、読み取ったデータを元に結合対象のカインドを再度検索するのは現実的ではない場合があります。この特性から、Datastoreではデータの正規型を崩し、ある程度冗長に持っておいた方がよい場合もあると言えます。

4.4.6 トランザクション

　Datastoreでは、ACIDトランザクションがサポートされています。トランザクションは無制限ではなく、25個までのエンティティまたはエンティティグループに対してのみ、トランザクションが発行できます。

　トランザクションは楽観的排他をもって成立します。具体的には、同一のエンティティに対してトランザクションが発生すると、先にコミットされた方が成立し、後にコミットされたトランザクションはエラーとなります。エラーとなったトランザクションは、データを最初から再度読み込み、データの書き込み条件が成立していることを確認するところから再開し、変更するプロパティも読み込み直して書き換えるようにプログラムを作成しないと、データの整合性に問題が発生する可能性があることを意識する必要があります。

4.4.7 管理ツール

　GCPの管理コンソールには、Datastore Adminという管理ツールがあります。この管理ツールでは、カインドを最小単位としたエンティティ一括削除、Cloud Storageなどへのバックアップと復元が行えます。Cloud Storageにバックアップしたデータは、BigQueryに取り込むことが可能です。

　また管理コンソールには、これとは別に複合インデックスの作成状態を確認する機能が付いています。先に述べたとおり、複合インデックスはBuilding状態の場合に使おうとするとエラーになる性質を持っているので、新規に複合インデックスを作成した場合には、管理画面よりインデックスの状態を確認するとよいでしょう。

4.5 Stackdriverモニタリング

　Stackdriverとは、GCP、AWSまたはサードパーティ製アプリケーションを監視する機能を提供するサービスです。Stackdriverをマスターすることで、GCPだけではなくAWSを同時にモニタリングすることもできる非常に魅力的なサービスの1つです。

4.5.1 Stackdriverとは

　Stackdriverのサービスは大きく分けて6つあり、サーバー（インスタンス）の監視機能以外に、アプリケーションのデバッグや詳細な解析を行うことができます。

表4.5-1　Stackdriverのサービス

サービス名	概要	対応範囲
モニタリング	稼働状況の可視化や監視、アラートの発報。	GCPとAWS （サポート対象のクラウド）
デバッグ	本番環境のアプリケーション（Java、Python、Go）を停止することなく動作を調査。	GAE（App Engine） GCE（Compute Engine）
トレース	本番環境のパフォーマンス調査、解析レポートの提供。	GAE（App Engine）
ロギング	リアルタイムログ管理、ログ（監査ログを含む）の検索や分析、アラートの発報。	GCPとAWS （サポート対象のクラウド）
Error Reporting	実行中のクラウドサービスで発生したクラッシュをカウントして、分析と集計を実施、アラートの発報。	対応言語：Java、Python、JavaScript、Ruby、C#、PHP、Go
プロファイラ	CPUまたはメモリのパフォーマンスを分析し、グラフを提供（対象インスタンスに軽量エージェントを実装）。	GAE、GCE、GKE 対応言語：Java、Go、Node.js、Python

4.5.2 Stackdriverを使ってみよう

Stackdriverの多様な機能のうち、「モニタリング」の設定を行ってみます。設定は非常に簡単です。以下の設定を行うことで、カスタムダッシュボードに監視結果を表示させたり、メールでアラートを受信できるようになります。

① Stackdriverアカウントの作成
② Webサイト(nginx)のHTTP監視設定(Uptime Check)
③ Webサイト(nginx)を停止し、アラート通報をメールで受信
④ ダッシュボードの表示
⑤ 主要なメトリクスの解説

4.5.3 Stackdriverアカウントの作成

GCPの管理コンソール画面の左メニューからスクロールダウンして、STACKDRIVERの「モニタリング」をクリックします。

図4.5-1　GCP管理コンソール画面(左メニュー)

ブラウザで新しいタブが開き、Stackdriverのサイト（https://app.google.stackdriver.com）が開きます。後は画面に沿ってアカウントを作成します。そうすると、Stackdriverアカウントのダッシュボードが表示されます。

4.5 Stackdriver モニタリング

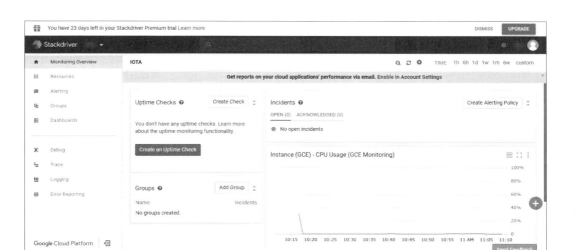

図4.5-2　Stackdriverのダッシュボード（2018年5月段階）

　図4.5-2の一番上を見ると「You have 23 days left in your Stackdriver Premium trial」と表記されていますが、これは後23日間は無料で使えることを意味します。Stackdriverはトライアルとして30日間まで無料で、31日後は無料版（基本階層）となり利用可能な機能が制限されます。

　図の右下を見ると「Instance（GCE）- CPU Usage（GCE Monitoring）」のグラフが表示されています。これはGCEのインスタンスのCPU利用率です。自動でモニタリングをしてくれているところが、StackdriverとGCPの親和性の高さを示しています。

ここがポイント

2018年6月30日から、Stackdriver MonitoringとStackdriver Loggingの料金体系が抜本的に見直されました。端的に説明すると、無料版（基本階層）と有料版（プレミアム階層）がなくなりました。Stackdriverの変更点を表4.5-2で把握しましょう。

表4.5-2 Stackdriverの料金

機能	無料トライアル	従量課金タイプ
基本料金	永続的な無料割り当ては無料トライアル。すべてのGCP指標とGCP以外の指標のうち、毎月最初の150MB分は無料で利用可能。	プロジェクトにあるリソースの数ではなく「送信される監視データのみ」に課金額を最適化する柔軟な料金モデル。
詳細料金	クラウド監査ログ、GCP管理アクティビティ監査ログ、BigQueryのデータアクセス監視ログは無料。	
割引	ボリュームベースの割引が自動的に適用。	
サポート対象のクラウド	GCP	GCP以外の指標（エージェント指標、AWS指標、ログベースの指標、カスタム指標など）、ボリュームベースの価格が1MB当たり0.258〜0.061ドルとなり、従来の価格よりも最大で80％割引で提供。
ログの上限	プロジェクトごとに50GB/月まで無料。ただし、無料分を超えたログはボリュームベースで課金され、1GBの取り込みにつき0.50ドル。	
ログの保持期間	30日間（従来は7日間）。	
ユーザー定義の指標の上限	なし。	課金対象リソースごとに500時系列、プロジェクトごとに250指標タイプ。
指標データの保存期間	6週間（従来と変更なし）。	
通知ポリシー	メールとCloud Consoleモバイルアプリ。	左記に加え、SMS、PagerDuty、Webhook、SNS、HipChat、Campfire、Slack。

料金で特筆すべきことは、以下の3点です。

- 無料範囲を150MBに拡大し、Stackdriverを活用してほしい意図があること
- ログデータの保存期間は30日間なので、ログを長期保存したい場合はログをGCSやBigQueryにエクスポートすること（従来と変更なし）
- StackdriverのCalculator（見積ツール）を活用すること
  https://cloud.google.com/products/calculator/?hl=ja#tab=google-stackdriver

✅ ここがポイント

Stackdriverの料金は毎年変更されています。最近では、上述した2018年6月30日に料金体系が変更されました。過去には、2017年12月1日より、毎月の無料制限を超えて受信したログに対する課金が始まりました。従来と比較して、プロジェクト当たりの毎月の無料制限が5GBから50GBに変更されています。Stackdriverの料金については、以下のURLで把握しておきましょう。

　　https://cloud.google.com/stackdriver/pricing

4.5.4 インスタンスにStackdriverエージェントをインストール

　Stackdriverエージェントは、インスタンスからのログと統計情報をStackdriver Monitoring、Stackdriver Loggingに渡します。次節でStackdriver Loggingの解説を行うので、両方をインストールします。

　まず、GCEのインスタンス（instance-1）を起動し、ログインします。GCP管理コンソール画面でGCEのインスタンスを選択し、「ブラウザウィンドウで開く」をクリックします。

図4.5-3　GCEのインスタンスのログイン方法

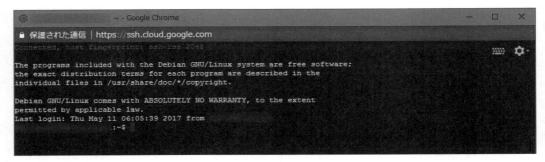

図4.5-4　GCEのインスタンスのログイン画面

　以下のコマンドを実行して、Stackdriverエージェント（Stackdriver Monitoring）をインストールします。sudoコマンドでエージェントをインストールします。

```
// シェルスクリプトをダウンロードし、シェルスクリプトを実行
xxx@instance-1:~$ curl -O https://repo.stackdriver.com/stack-install.sh
xxx@instance-1:~$ sudo bash stack-install.sh --write-gcm
```

　シェルスクリプト実行結果は、以下のとおりです。

```
// Stackdriver Monitoringインストール成功結果
[ ok ] Restarting stackdriver-agent (via systemctl): stackdriver-agent.service.
```

4.5.5　Webサイト（nginx）のHTTP監視設定（Uptime Check）

　GCEのインスタンスにWebサーバー（ここではnginx）をインストールしてあるものとして、Webサーバーが正常かどうか監視するために、ステータスが200（正常表示）か、404（not found）になっているかどうかの稼働監視設定を行います。
　まずは、nginxのデフォルトページが表示されていることを確認します。GCP管理コンソール画面でGCEのインスタンス（instance-1）のグローバルIPアドレスを調べ、ブラウザで表示させます。

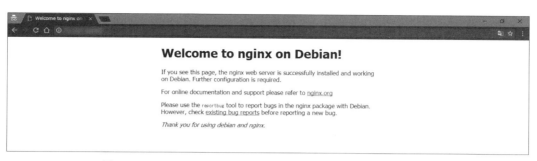

図4.5-5　GCEのインスタンス（instance-1）のnginxデフォルトページ

次に、GCP管理コンソール画面の「STACKDRIVERモニタリング」経由で、Stackdriverの「Monitoring Overview」を表示し、「Create an Uptime Check」をクリックします。

図4.5-6　Stackdriver Monitoring Overview

では、HTTP監視設定を行います。今回はGCEのインスタンス（instance-1）だけを監視しますので、「Resource Type」はinstanceを選択します。また、監視設定が正しいかどうかテストすることが可能です。図4.5-7、図4.5-8を参考に設定し、保存（Save）してみてください。

なお、ヘルスチェックは5分間隔（デフォルト）としていますが、もちろん変更可能です。

図4.5-7　HTTP監視設定

図4.5-8　HTTP監視設定確認／保存

　次に、HTTP監視で異常（404 not found）が発生した場合、アラート通知を行う設定を行います。今回はメールで通知するように設定します。受信可能なメールアドレスを用意してください。ここでは「cloud-ace-test@gmail.com」とします。図4.5-9 〜図4.5-11のとおり、画面に従ってアラート通知設定を行います。

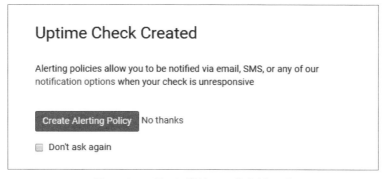

図4.5-9　アラートポリシーの作成（その1）

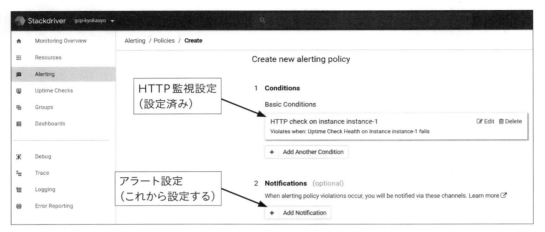

図4.5-10　アラートポリシーの作成（その2）

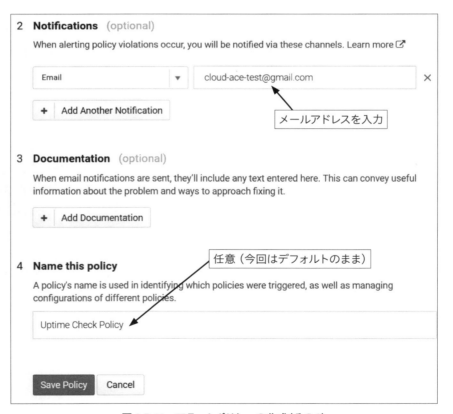

図4.5-11　アラートポリシーの作成（その3）

「3 Documentation」はメールの本文に記載する内容です。Markdown形式にも対応しています。

「4 Name this policy」は分かりやすいポリシー名にします。インスタンス数や監視項目が増えても管理しやすい（可読性が高い）ようにするのが、監視設計の基本です。

保存（Save Policy）した後、Stackdriverの管理コンソール画面で設定内容を確認してみてください。同じように左メニューの「Alerting」には、メール通知も設定されています。

図4.5-12　監視設定確認画面（Resources Instances）

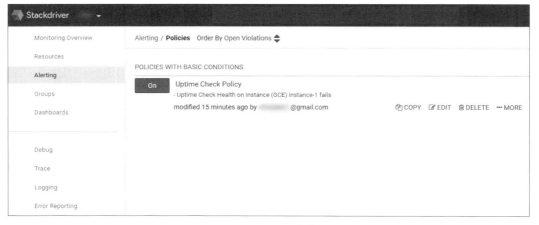

図4.5-13　アラート設定確認画面

4.5.6 Webサイト（nginx）を停止し、アラート通報をメールで受信

HTTP監視設定が正しく設定されているのか、実際にnginxを停止して、アラートメールを受信するか確認してみます。これは非常に重要なテスト項目ですので、必ず実施しましょう。テストを怠ると障害発生の有無や発生時刻を把握することができません。

GCEのインスタンス（instance-1）にログインし、以下のコマンドを実行します。

```
// nginxのステータスの確認（runningになっていることを確認）
xxx@instance-1:~$ sudo service nginx status
● nginx.service - A high performance web server and a reverse proxy server
   Loaded: loaded (/lib/systemd/system/nginx.service; enabled)
   Active: active (running) since Fri 2017-06-02 01:15:08 UTC; 7h ago
 Main PID: 403 (nginx)
   CGroup: /system.slice/nginx.service
           ├─403 nginx: master process /usr/sbin/nginx -g daemon on; master_process
               on;
           ├─404 nginx: worker process
           ├─405 nginx: worker process
           ├─406 nginx: worker process
           └─407 nginx: worker process

// nginxの停止
xxx@instance-1:~$ sudo service nginx stop

// nginxのステータスの確認（deadになっていることを確認）
xxx@instance-1:~$ sudo service nginx status
● nginx.service - A high performance web server and a reverse proxy server
   Loaded: loaded (/lib/systemd/system/nginx.service; enabled)
   Active: inactive (dead) since Fri 2017-06-02 08:58:38 UTC; 2s ago
  Process: 23992 ExecStop=/sbin/start-stop-daemon --quiet --stop --retry QUIT/5
 --pidfile /run/nginx.pid (code=exited, status=0/SUCCESS)
 Main PID: 403 (code=exited, status=0/SUCCESS)
```

これで、GCEのインスタンス（instance-1）は起動していますが、nginxは停止しているためWebサイトは表示されません。実際にグローバルIPアドレスを用いてブラウザでアクセスしても、表示されません。

HTTP監視間隔は5分ですので、少し待つと以下のようにメールを受信します。これで、HTTP監視設定が正しいことが確認できました。

図4.5-14　アラートメール

最後にnginxを起動します。以下のコマンドを実行します。

```
// nginx の起動
xxx@instance-1:~$ sudo service nginx start

// nginxのステータスの確認（runningになっていることを確認）
xxx@instance-1:~$ sudo service nginx status
● nginx.service - A high performance web server and a reverse proxy server
   Loaded: loaded (/lib/systemd/system/nginx.service; enabled)
   Active: active (running) since Fri 2017-06-02 09:22:38 UTC; 2s ago
  Process: 23992 ExecStop=/sbin/start-stop-daemon --quiet --stop --retry QUIT/5
--pidfile /run/nginx.pid (code=exited, status=0/SUCCESS)
  Process: 24137 ExecStart=/usr/sbin/nginx -g daemon on; master_process on;
(code=exited, status=0/SUCCESS)
  Process: 24136 ExecStartPre=/usr/sbin/nginx -t -q -g daemon on; master_process on;
(code=exited, status=0/SUCCESS)
 Main PID: 24141 (nginx)
   CGroup: /system.slice/nginx.service
           ├─24141 nginx: master process /usr/sbin/nginx -g daemon on; master_
             process on;
           ├─24142 nginx: worker process
           ├─24143 nginx: worker process
           ├─24144 nginx: worker process
           └─24145 nginx: worker process
```

✓ここがポイント

Stackdriverの「Monitoring Overview」でも、監視結果が確認できます。その際、ポリシー名（図4.5-15の「Uptime Check Policy」）は運用管理者が障害ポイントをすぐに特定しやすい名称にする方が望ましいです。

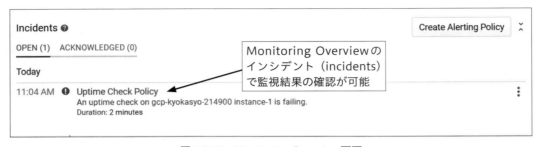

図4.5-15　Monitoring Overview画面

4.5.7 ダッシュボードの表示

　Stackdriverのダッシュボードで、監視グラフを表示させることができます。Stackdriverのコンソール画面の左メニューにある「Dashboards」から「Create Dashbord」をクリックします。「Add Chart」ボタンを押下すると、図4.5-16のように監視対象（GCE、AWS EC2など）やメトリックスを選択できます。

　今回は、GCEインスタンスでCPU利用率とメモリの空き容量率を選択してみました。「Save」ボタンを押下すると、ダッシュボードの作成が完了します。

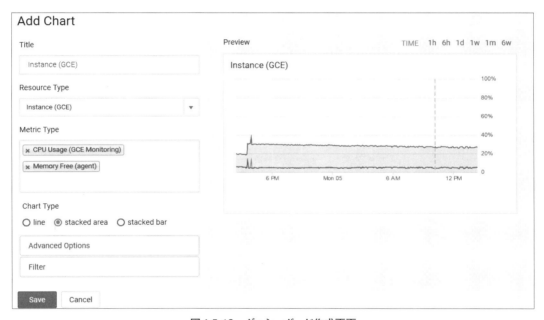

図4.5-16　ダッシュボード作成画面

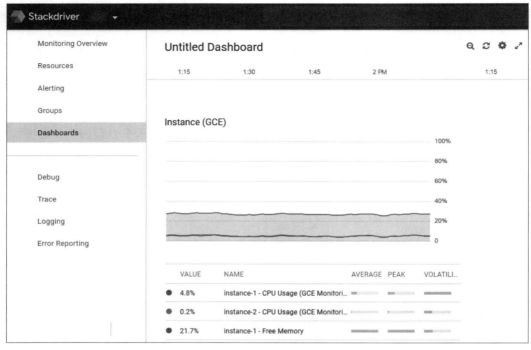

図4.5-17　ダッシュボード画面

　ダッシュボードで選択できる主なResouce Type、Metrics Typeは以下のとおりです。GCPの新サービス（Cloud Spanner）も選択できます。ただし、Stackdriverの機能にはβ版も含まれているので、本番環境で利用する場合やSLAを考慮するプロジェクトの場合は、GCPの公式ドキュメントを参照した上で適用することが望ましいです。

主な Resouce Type

- Cloud Spanner
- GAE Module Uptime Check
- Instance（AWS EC2）
- Instance（GCE）
- Load Balancer Uptime Check
- Object Buckets（GCS）
- URL Uptime Check
- Log Metrics

主なMetrics Type

- CPU Usage
- Disk I/O(Read / Write)
- Network Traffic(Inbound / Outbound)
- Memory(Usage / Free / Cached)
- Processes(Running / Stopped)
- Volume(Free / Usage)
- Objects(Size / Total Objects in all Buckets)

✓ここがポイント

主なResouce Typeに記載してあるとおり、AWS（EC2）にStackdriverのエージェントをインストールすることで、EC2の監視が可能です。StackdriverはGoogleが買収する前は、AWSの監視機能を充実させる目的で開発されたサービスであり、その機能が今なお継承されています。

4.6 Stackdriverロギング

　ロギングは文字どおりログの確認を意味します。GCP管理コンソールでログの参照や検索が可能で、特定のログを検出した場合、前項で説明したStackdriver Alerting機能を使ってアラート通知メールを送信することもできます。また、Google App Engineやロードバランサはデフォルトでロギング機能が実装されていますので、Stackdriver Logging（google-fluentd）のインストールは不要です。では、本項では以下の順に説明します。

① GCEにStackdriver Logging（google-fluentd）のインストール
② ログの確認と検索
③ ログをBigQueryへエクスポート
④ ログメトリクスの作成

4.6.1 Stackdriver Logging（google-fluentd）のインストール

　コマンドを実行して、Stackdriverエージェント（Stackdriver Logging）をインストールしましょう。sudoコマンドでエージェントをインストールします。

```
// シェルスクリプトをダウンロードし、シェルスクリプトを実行
$ curl -sSO https://dl.google.com/cloudagents/install-logging-agent.sh
$ sudo bash install-logging-agent.sh
```

　シェルスクリプト実行結果は、以下のとおりです。Stackdriver Loggingはgoogle-fluentdがインストールされていることが分かります。

```
// Stackdriver Loggingインストール成功結果
Installation of google-fluentd complete.
```

4.6 Stackdriver ロギング

4.6.2 ログの確認と検索

nginx のサービスを停止して、Stackdriver ロギングでログの状況を確認します。

```
// nginxのサービス停止
xxx@instance-1:~$ sudo service nginx stop
```

次に、GCP 管理コンソールから Stackdriver ロギングを開きます。以下の手順で、nginx のサービスが停止していることを確認します。

① GCE VM インスタンスを選択
② 「すべてのログ」を「syslog」に変更して「OK」ボタンをクリック
③ nginx のサービスを停止したログを検索（Stopping A high perforamance web sever ...）
④ ▼マークをクリックして、ログの詳細を確認

図4.6-1 のように、nginx のサービス停止のログを見つけることができます。フィルタ機能も備わっているので、例えば「Stopping」で検索することで迅速にログを確認できます。

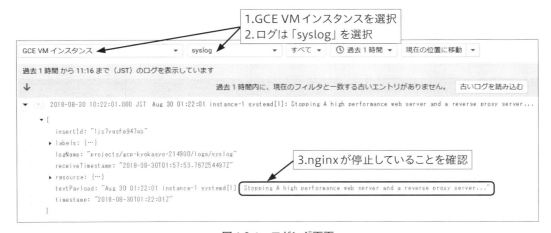

図4.6-1　ロギング画面

4.6.3 ログをBigQueryへエクスポート

ログ容量の上限またはログ保持期間があるので、永続的に保存できるGCPのサービスにエクスポートします。エクスポート先は複数のGCPサービスから選ぶことができますが、ログの分析をするために役立つBigQueryに手動でエクスポートします。手順は非常に簡単です。

① Stackdriverロギングの「エクスポートを作成」をクリック
② エクスポートの編集で「シンク名」を任意で入力
③ シンクサービスは「BigQuery」を選択
④ シンクのエクスポート先で「新しいBigQueryデータセットを作成」をクリック
⑤ データセット名を任意で入力
⑥ 「シンクを作成」ボタンをクリック

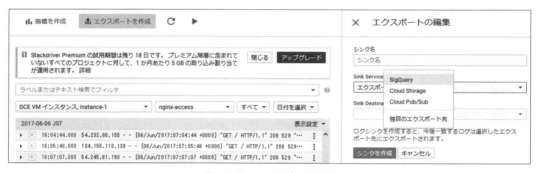

図4.6-2　エクスポート画面

ダイアログで「シンクが作成されました」と表示され、BigQueryへの書き込み権限も自動追加されることが分かります。

最後にBigQueryを開いてみます。任意で作成したシンクが追加され、ログがエクスポートされていることが分かります。

図4.6-3のように表示されない場合は、「Refresh」ボタンを押下してください。BigQueryに書き込まれるまで若干の時間を要するので、「Refresh」ボタンを繰り返し押し続けると「nginx_access ...」といったテーブルが表示されます。

210

4.6 Stackdriver ロギング

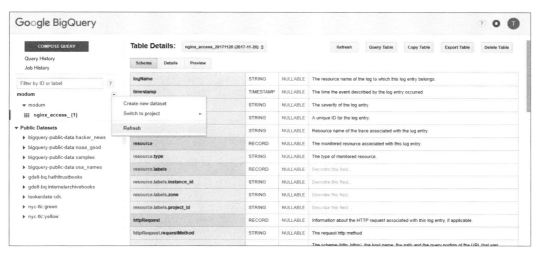

図4.6-3　BigQuery画面

高度なサービスを知ろう（その2）

　第4章では、GCPが持つ高度なサービスを解説しました。第5章でも同様に、いくつかの高度なサービスを紹介します。次のようなものになります。

- Deployment Manager：構成管理ツール
- Cloud Pub/Sub：メッセージングサービス
- Cloud Dataflow：データ処理パイプラインの実行環境
- Dataproc：Spark ／ Hadoopのフルマネージドサービス
- Cloud Launcher：有名なソリューション、サービスなどをすぐに使えるツール
- Functions：サーバーレスなアプリケーション実行基盤

　そして最後に、近年登場した特徴的なサービスなども紹介します。

5.1 Deployment Manager

　Deployment Managerは構成管理ツールです。データ形式（YAML／Jinja）、プログラミング言語（Python、Jinja2（Python用のテンプレートエンジン））を用いて、GCPのネットワーク構成、GCEのインスタンス、GKEのコンテナを構築することができるものです。いわゆるInfrastructure as Code（IaC）と言われるもののGCP専用のサービスです。

　Infrastructure as Code（IaC）は、自動化、バージョン管理、テスト、継続的インテグレーション（CI）といった、ソフトウェア開発時のシステム構成管理で応用するための方法論を意味し、具体的には、定義ファイルを事前に作成することで、サーバー設定時の人的なオペレーションミスを減らし、効率的かつ正確にプロビジョニング（サーバーの設定）を自動化するプロセスです。近年のソフトウェア開発の主流であるDevOpsにも活用されています。

Deployment Managerの機能

- Deployment ManagerはCLI（gcloudコマンドやCloud Shell上でのコマンド）で実行し、ネットワーク構成も含め、GCPの細かい部分までデプロイすることが可能
- Deployment Managerは上述したYAMLなどを用いるため、開発チームが同一のYAML（テンプレート）を使うことで、開発チームの誰もが同一のGCP環境の構築と構成管理が可能
- YAMLにスクリプトを記述することで、ソフトウェアのインストールから設定まで行うことができる。また、Deployment ManagerのCloud Console(GUI)でYAML／Jinjaの記述内容の確認が可能

　それでは、Deployment Managerを実際に見てみましょう。今回はCloud Shellを使ってGCEを起動してみます。PCにCloud SDKをインストールし、gcloudコマンドで実行することもできますが、Cloud Shellであればブラウザだけでgcloudコマンドを実行できるので便利です。

　GCPのCloud ConsoleでDeployment Managerを実行させ、Cloud Shellを有効にしましょう。図5.1-1のように、コマンドを入力できる画面が表示されます。

図5.1-1　Deployment Manager画面

　GCP公式サイトから、サンプルのYAMLをダウンロードし、YAMLの内容を変更しましょう。

```
// wget コマンドでサンプルの YAML をダウンロード
$ wget https://cloud.google.com/deployment-manager/vm.yaml

// ls コマンドで、vm.yaml がダウンロードされていることを確認
$ ls
README-cloudshell.txt   src   vm.yaml

// chmod コマンドで、vm.yaml の書き込み可能にする
$ chmod 755 vm.yaml

// 実行結果に確認
$ ls -all
-rwxr-xr-x 1 [username] [username] 727 Oct  5  2016 vm.yaml

// vi コマンドで vm.yaml を修正
$ vi vm.yaml

// [MY_PROJECT] をプロジェクト ID に変更(注意:プロジェクト名ではなく ID)
// [IMAGE_NAME] を debian-8-jessie-v20160301 に変更

resources:
- type: compute.v1.instance
  name: vm-my-first-deployment
  properties:
    zone: us-central1-f
    machineType: https://www.googleapis.com/compute/v1/projects/[MY_PROJECT]/zones/us-central1-f/machineTypes/f1-micro
    disks:
    - deviceName: boot
      type: PERSISTENT
      boot: true
      autoDelete: true
      initializeParams:
        sourceImage: https://www.googleapis.com/compute/v1/projects/debian-cloud/global/images/[IMAGE_NAME]
    networkInterfaces:
    - network: https://www.googleapis.com/compute/v1/project/[MY_PROJECT]/global/networks/default
      # Access Config required to give the instance a public IP address
      accessConfigs:
      - name: External NAT
        type: ONE_TO_ONE_NAT

// 保存を行い、cat コマンドで修正しているか確認
$ cat vm.yaml
```

YAML が作成完了したので、gcloud コマンドで GCE をデプロイしましょう。

```
// GCEのVMインスタンス名を「my-first-deployment」としデプロイ
$ gcloud deployment-manager deployments create my-first-deployment --config vm.yaml

// デプロイが完了したこと(done)を確認
// ERRORSがCOMPLETEDになっていることを確認

Waiting for create [operation-1512527459080-55fa2bde95740-25959516-591381fa]...done.
Create operation operation-1512527459080-55fa2bde95740-25959516-591381fa completed
successfully.
NAME                       TYPE                  STATE      ERRORS  INTENT
vm-my-first-deployment     compute.v1.instance   COMPLETED  []
```

これでGCEが起動されました。Deployment Managerの画面にGCEのVMインスタンス名が表示されます。詳細な情報を参照したい場合は、「my-first-deployment」をクリックします。

図5.1-2　Deployment Manager の実行結果画面

図5.1-3　Deployment Managerの詳細画面

GCPの管理コンソールでGCEを表示させてみましょう。Deployment Managerで作成したVMインスタンスが起動されています。

図5.1-4　GCE VMインスタンスの確認画面

YAMLで記述したとおり、ゾーンはus-central1-fとなっています。これでGCEのVMインスタンスが起動していることが確認できました。

最後に、Deployment Managerで作成したGCEのVMインスタンスを削除しましょう。再度、Cloud Shellを開き、以下のコマンドを実行してみてください。

```
// gcloudコマンドでGCEのVMインスタンスを削除
$ gcloud deployment-manager deployments delete my-first-deployment

// yと入力
The following deployments will be deleted:
- my-first-deployment

Do you want to continue (y/N)?  y

// 削除されたこと(completed successfully)を確認
Waiting for delete [operation-1512530052506-55fa3587de191-48c771b3-ea3d9a7a]...done.
Delete operation operation-1512530052506-55fa3587de191-48c771b3-ea3d9a7a completed successfully.
```

Deployment Managerをリロードすると、初期画面に戻ります。これでGCE VMインスタンスが問題なく削除されていることが確認できました。

図5.1-5　Deployment Manager画面（GCE VMインスタンス削除後）

今回は、GCEのVMインスタンスを1台起動・削除する内容でしたが、GCPの各サービスをDeployment Managerを使って起動（設定）することができます。ただし、YAML／Jinjaの記載方法が分からない場合は、Google Cloud PlatformのGitHubを参考にしましょう。図5.1-6のように、サンプルコード（YAML／Jinga）が公開されています。

https://github.com/GoogleCloudPlatform/deploymentmanager-samples

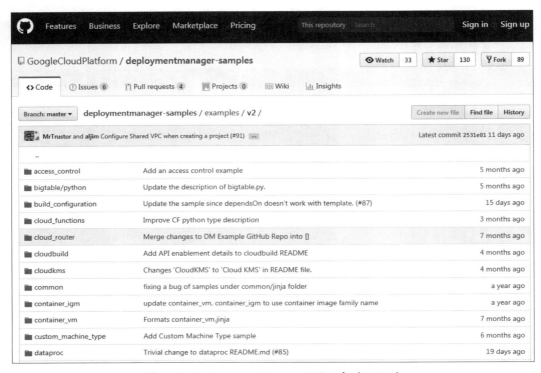

図5.1-6　Deployment Managerのサンプル（GitHub）

5.2 Cloud Pub/Sub

　Cloud Pub/Subはパブリッシュ／サブスクライブ（Pub/Sub）の略称で、Pub/Subサービスとは、メッセージの送信者と受信者を切り離す方式のメッセージングサービスです。

　特に信頼性とスケーラビリティに優れており、Googleのインフラストラクチャコンポーネントの中核的な基盤として10年以上使われています。Cloud Pub/Subのサーバーは、世界中に分散された複数のGoogleデータセンター内で稼働しています。各データセンターには、1つのクラスタのインスタンスが1つまたは複数含まれているため、処理性能が非常に高いグローバルサービスです。

　現在、Google Adsense（グーグルアドセンス）やGoogle検索、GmailなどのGoogleサービスでCloud Pub/Subを使用しており、1秒当たり1億件以上のメッセージと総計300GB/秒以上のデータを送信しています。

　まず、Cloud Pub/Subを活用するにあたって理解すべき以下の用語ついて、次項で解説します。

- パブリッシャー
- トピック
- サブスクリプション
- サブスクライバー

5.2.1 パブリッシャーとサブスクライバーについて

パブリッシャーからサブスクライバーのフローを図5.2-1に記載します。1つのトピック（Topic）に、2つのパブリッシャー（Publisher）がメッセージをパブリッシュしています。

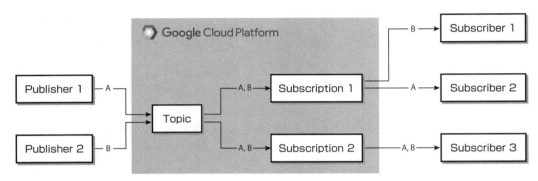

図5.2-1　パブリッシャーからサブスクライバーへのフロー

このトピック（Topic）に対して、2つのサブスクリプション（Subscription）があります。Subscription 1には、2つのサブスクライバー（Subscriber 1と2）があり、Subscription 2には、1つのサブスクライバー（Subscriber 3）があります。A、Bはメッセージとします。

メッセージAは、Publisher 1からパブリッシュされた後、Subscription 1を経由してSubscriber 2へ、加えて、Subscription 2を経由してSubscriber 3に送信されます。

メッセージBは、Publisher 2からパブリッシュされた後、Subscription 1を経由してSubscriber 1へ、加えて、Subscription 2を経由してSubscriber 3に送信されます。

以上に登場した4つの用語「パブリッシャー」、「トピック」、「サブスクリプション」、「サブスクライバー」があること、Cloud Pub/Subの範囲は「トピック」と「サブスクリプション」と理解しておくと、図5.2-2でイメージしやすくなります。

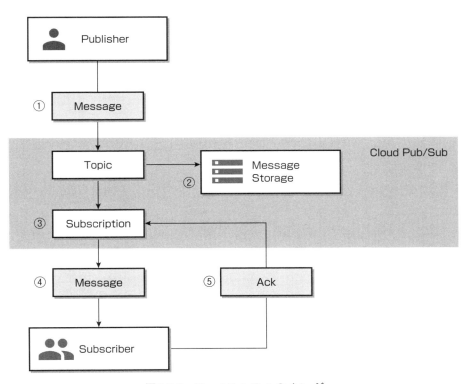

図5.2-2　Cloud Pub/Subのイメージ

① パブリッシャーはCloud Pub/Subサービスでトピックを作成し、メッセージをトピックに送信します。
② メッセージはサブスクライバーによって配信され、確認応答があるまでメッセージストアに保持します。
③ トピックからサブスクリプションに個別にメッセージを転送します。転送（送信／受信）方法は「プッシュ」、「プル」の2種類から選択できます。
④ サブスクライバーは保留中のメッセージをサブスクリプションから受け取ります。
⑤ サブスクライバーからメッセージへの確認応答があると、サブスクライバーのメッセージキューからメッセージはAckされます。

5.2.2 Cloud Pub/Subを使ってみよう

実際にGCP管理コンソールでCloud Pub/Subを使ってみましょう。まずはトピックの作成です。トピック名は「demo」としました。

図5.2-3 トピック作成画面

次に、サブスクリプションを作ってみましょう。作成した「トピックの名前」をクリックすることでサブスクリプションを作成できます。

図5.2-4 サブスクリプション作成画面

サブスクリプションの登録名は「demo」としました。重要な部分は「配信タイプ」を「pull」にするのか「push」にするのかです。サブスクライバー（Subscriber）がCloud Pub/Subからメッセージを取得する場合は「pull」で、逆にCloud Pub/Subがサブスクライバー（Subscriber）へメッセージを送信する場合は「push」です。pushの場合、どこに送信すればよいのか分からないため、エンドポイントURLを入力する必要があります。エンドポイントURLは「https://〜」ですので、HTTPS通信となります。今回はpullを選択して作成します。

図5.2-5　サブスクリプション作成　詳細画面

これでサブスクリプションが作成されました。

図5.2-6　サブスクリプション画面

これで Cloud Pub/Sub を使う準備が整いましたので、メッセージの送受信を行いましょう。例えば、gcloud コマンドが使える環境（PC や GCE）から以下のコマンドを実行します。

トピックにメッセージを送信するコマンド

```
$ gcloud beta pubsub topics publish {トピック名} '{"message":"Hello Google"}'
```

サブスクリプションからメッセージをpullするコマンド

```
$ gcloud beta pubsub subscriptions pull {サブスクリプション名}
```

最後にメッセージのフォーマットを確認しましょう。表5.2-1のようなフォーマットでメッセージ（例）が届きます。このようなメッセージを用いて、GCPサービス（DataflowやFunctions）で整形や処理を行い、様々なシーンで利活用します。

表5.2-1　メッセージフォーマット(例)

DATA	MESSAGE_ID	ATTRIBUTES	ACK_ID
{"message":"Hello google"}	12345678909876	QhIT4wPkVTRFAGFiV9UdV1YGgdRDRlyZ	syqM8Zhs9XxJLLDEOT14jPzUgKEUSAb1

※ DATA以外の値は例です。実際に取得する情報とは異なります。

5.2.3　Cloud Pub/Subの活用イメージ

　Cloud Pub/Subの処理能力はIoTとの親和性が高く、IoTデバイスから大量のデータを受け取るための「入口」として活用される機会が増えてきました。Cloud Pub/Subで受け取った大量のデータは、後の節で説明するGCPサービス（DataflowやFunctions）でデータの整形や処理を行い、GCSやBigQueryに保存します。保存されたデータはBI（ビジネスインテリジェンス）ツールで可視化することで、分析または利活用されます。

　図5.2-7は、IoTにおけるCloud Pub/Subの活用イメージです。Pub/Subがインターネットからの「入口」であることがイメージできます。

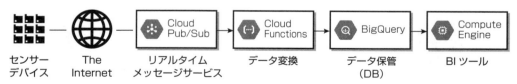

図5.2-7　Cloud Pub/Subの活用イメージ

✅ ここがポイント

BIツールについて

Pub/Subで受け取ったデータを可視化するために、BI(ビジネスインテリジェンス)ツールを使うことが一般的です。高機能のBIツールや、OSSのBIツールもあります。GoogleでもBIツールの「Google Data Studio」を無償で提供しています。ほかのBIツールと差異はありますが、Googleにおいても様々なケースで活用しています。

BIツールを選定する場合は、「Google Data Studio」も含めるとよいでしょう。非常に簡単にダッシュボードを作成し、多くの分析結果をグラフで見ることができます。

公式サイトは以下のURLとサンプル画像を参照してください。

  https://cloud.google.com/data-studio/

図5.2-8 Google Data Studioのサンプル画像

5.3 Cloud Dataflow

　Cloud Dataflowは、バッチ処理・ストリーム処理におけるデータ処理パイプラインを統合して扱うことのできるApache Beamによって実装されたデータ処理パイプラインのフルマネージドな実行環境です。開発者はCloud Dataflowを利用することで、実行環境の構築、パフォーマンス最適化、リソース管理などといった運用にまつわるタスクから解放され、データ処理パイプラインの開発に集中することができます。

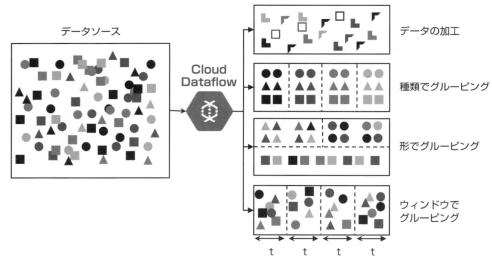

図5.3-1　Cloud Dataflowによるデータ処理イメージ

5.3.1 Apache Beam

　Apache Beamは、バッチ処理・ストリーム処理の実行環境および統合プログラミングモデルを提供する、オープンソースソフトウェアです。現在は、Apache Software Foundationによって開発が行われています。

　Apache Beam SDKは、バッチ・ストリームどちらのデータソースにも適用することが可能です。データの入出力として、Google Cloud上のほかのサービス（Cloud Storage、Cloud

Pub/Sub、Cloud Datastore、Cloud Bigtable、BigQuery）との統合を簡単に行うことができるよう、コミュニティによってライブラリが開発されています。

Apache Beam SDKで開発されたデータ処理パイプラインは、Cloud Dataflowだけでなく、Apache Spark[注1]、Apache Flink[注2]、Apache Apex[注3]などの、様々な基盤上で実行することができます。データソースとしても、ほかのOSSとよく統合されており、高い生産性をもってデータ処理パイプライン開発を進めることができます。

> **ここがポイント**
>
> 元々、Cloud Dataflowはフルマネージドな実行環境だけでなく、統合型プログラミングモデル自体（Dataflow SDK）も提供していました。Googleは優れたデータ処理パイプラインを記述できるDataflow SDKをApache Software Foundationに寄贈したため、現在ではDataflow SDKはApache Beamに統合されています。

5.3.2 データ処理パイプライン

Cloud Dataflowで動作させるデータ処理パイプラインは、Apache Beam SDKによるBeam Programming Modelに従って実装します。Beam Programming Modelにおけるデータ処理パイプラインは、大きく次の要素から成り立ちます。

Pipeline

Pipelineは、データ処理パイプラインにおける始まりから終わりまでを表します。開発者は、このPipelineに対してどこからデータを入力し、どのような加工・集計を行い、どこに出力するかを考えることになります。

- PCollection
  PCollectionは、データ処理パイプラインにおけるデータのことを指します。Pipelineが入力データとして読み取ったデータはもちろん、加工・集計や出力に至るまで、PipelineではデータをPCollectionとして扱います。Apache Beamでは、PCollectionをサイズのあるデータとサイズのないデータ（ストリームデータ）を同一のものとして扱うための抽象として使用することで、データ処理モデルの統合に成功しています。

注1　ビッグデータの分散処理をオンメモリで実現するためのオープンプラットフォーム
注2　耐障害性に優れたオープンな分散ストリーム処理プラットフォーム
注3　Hadoop YARN上でバッチ・ストリームデータ処理を行うためのプラットフォーム

- PTransform

    PTransformは、データ処理パイプラインにおけるデータ処理そのものを指します。PCollectionを入力にとり、新たなPCollectionを出力します。この過程でデータの加工や集計を行うことになります。

- I/O Transforms

    PTransformの一種ですが、データの入出力のための便利なライブラリです。様々な外部データソースに対する入出力が用意されています。

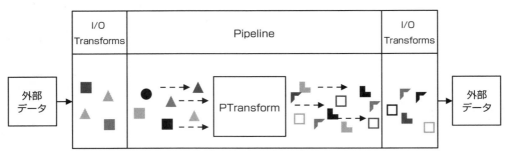

図5.3-2　Beam Programmingにおけるデータ処理パイプラインのイメージ

5.3.3　Cloud Dataflowの特徴

リソース管理

　データ処理パイプラインをCloud Dataflow実行環境上で動作させる場合、データ処理パイプラインそのものの最適化が自動で行われるため、リソースの利用効率を高いレベルに維持することができます。さらに、データ処理パイプラインを実行するためのリソースは、処理するデータ量や処理そのものの負荷によってオンデマンドで割り当てが行われるため、大量のデータをさばく必要があったとしてもリソースの心配はありません。

オープンソース

　先述したとおり、Cloud Dataflow上で動作させるデータ処理パイプラインは、OSSであるApache Beamを使って開発します。開発した実装コードは、Cloud Dataflowだけでなく、その他の様々な実行環境上でも実行することができます。データソースとしてもApache

Kafka[注4]やHDFS[注5]といったOSSともやりとりをするように拡張が可能です。このことからGoogleへのロックインを防ぐことができます。

監視

GCP管理コンソールから、Cloud Dataflowの動作に関する統計情報に加え、ワーカーのログ集計がほぼリアルタイムに提供されます。

高信頼性

データサイズ、クラスタサイズ、処理パターン、パイプラインの複雑さを問わず、Googleの技術に裏打ちされた高精度のフォールトトレラント機能が組み込まれています。

注4 オープンソースの分散メッセージングプラットフォーム
注5 Hadoop Distributed File System。分散ファイルシステム

5.4 Dataproc

DataprocはSpark／Hadoopのフルマネージドサービスで、バッチ処理、クエリ実行、ストリーミング、機械学習を実施する場合に便利なサービスです。

Dataprocの自動化機能を利用すると、クラスタを速やかに作成して処理を簡単に実行し、実行後にクラスタを無効にすることが可能なため、コストメリットが高いサービスです。

以下に特徴を列挙します。

- 低費用
  料金は、クラスタの仮想CPUごとに1時間当たり約1セントです。10分を最低課金時間とし、その後は1分単位で課金されます。Dataprocは、GCEのマシンタイプ（スペック）に応じた課金体系となっています。

- 超高速
  Dataprocクラスタは起動／スケーリング／シャットダウンが高速で、各オペレーションに要する時間は平均90秒以下です。参考までに、オンプレミスやIaaSプロバイダーでSparkとHadoopクラスタを作成するのに、5〜30分を要します。

- GCPの各サービスと連携済み
  Dataprocには、BigQuery、GCS、Bigtable、Stackdriver Logging、Stackdriver Monitoringなど、ほかのGCPサービスが組み込み済みです。例えば、Dataprocを使用すると、テラバイト単位の未加工のログデータをBigQueryに直接ETL（Extract／Transform／Loadの略称名）を行い、業務報告書を容易に作成することができます。

- フルマネージド
  DataprocはGCPによるフルマネージドサービスであり、RESTful APIを用意しています。また、GCS、BigQuery、Bigtableと統合されているため、データの損失について心配する必要はありません。

■ 学習コストの抑制

コンポーネント（Hadoop、Spark、Hive、Pig）は頻繁に更新されているため、これに関するナレッジを継続的に学習する必要はなく、また、新規開発をせずとも既存のプロジェクトをDataprocに簡単に移行できます。DataprocのOSはDebianベースで、開発言語は、Java、Scala、Python、RなどのSpark／Hadoopでサポートされている言語を使うことができます。

Dataprocは「クラスタ」、「ジョブ」画面で構成されています。イメージしやすいように、以下の3つの画面を用意してみました。リージョンは東京リージョンを選択しています。操作性が非常に高いこともDataprocの魅力の1つです。

① クラスタの作成画面
② クラスタのマスターにSSH接続する場合の画面
③ ジョブの作成画面

図5.4-1　クラスタの作成画面（東京リージョンを選択）

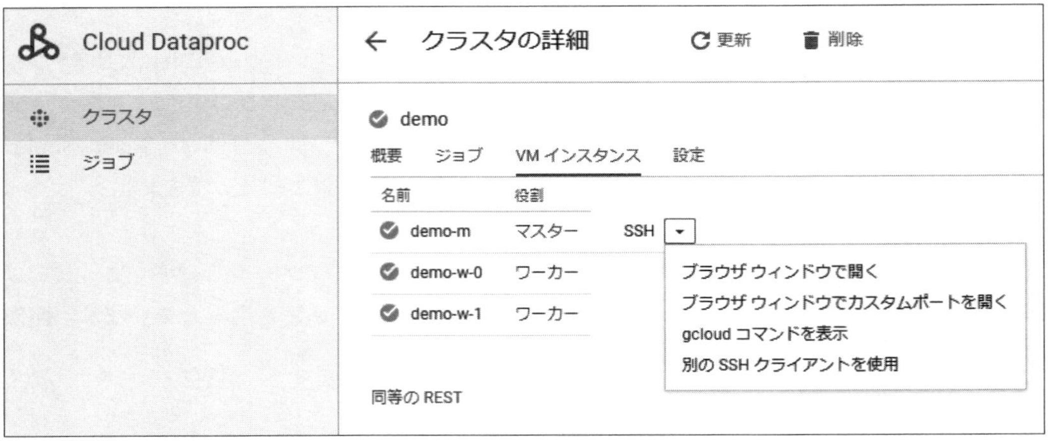

図5.4-2　クラスタのマスターにSSH接続する場合の画面

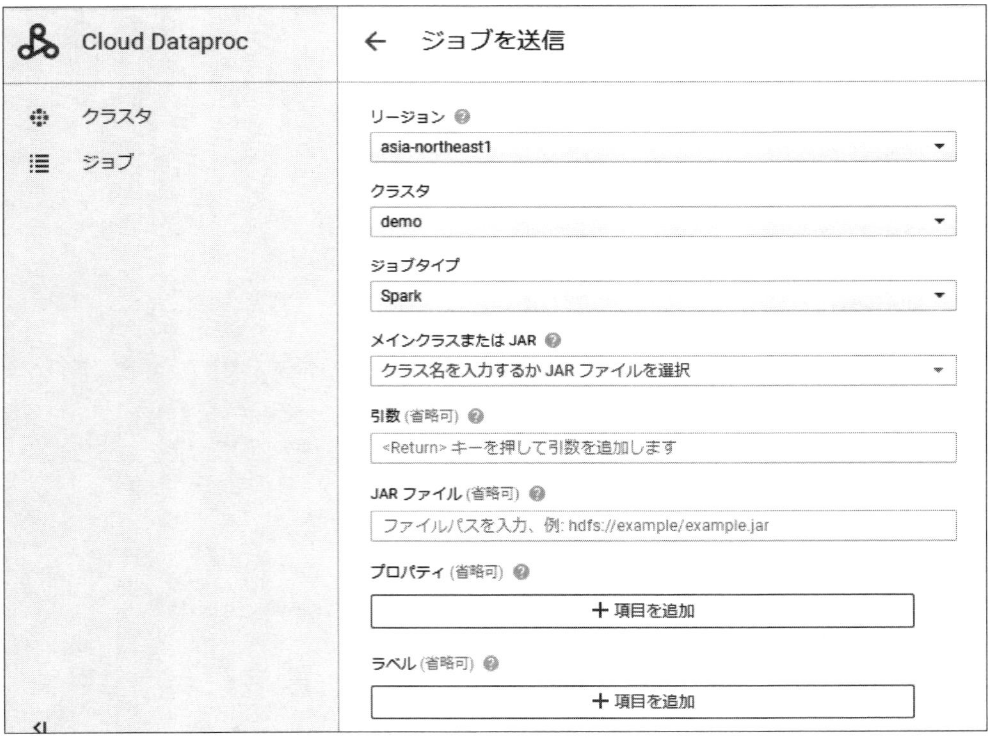

図5.4-3　ジョブの作成画面(東京リージョンを選択)

> Tips：
> Dataprocを使い始めると、「MapReduce」という用語がしばしば登場します。MapReduceとは、「コンピューター機器のクラスタ上における巨大なデータセットに対する分散コンピューティング」を支援する目的で、Googleによって2004年に導入されたプログラミングモデル（フレームワーク）です。
> キーワードは「分散コンピューティング」です。巨大なデータセットをクラスタまたはグリッド（各ノードが異なるハードウェア構成を持つシステム構成）を用いて「並列処理」させるためのフレームワークで、15年近い歴史があります。

5.5 Cloud Launcher

　Launcherでは、有名なソリューション、サービス、開発スタックをすぐに使うことができます。通常はOSやソフトウェアの設定をしないと環境を用意できませんが、Launcherによって迅速に使用開始できます。GCP以外のクラウドでも同様のサービスがありますが、GCPにおいても非常に便利で、活用する機会は多いです。

　さらにOSSを組み合わせているソリューションが多く、それらはVMインスタンス（GCE）の課金分しか発生しないところも魅力の1つです（追加でライセンスが必要な有償ソリューションもあります）。

　以下に特徴を列挙します。

- 数回のクリックで本番グレードのソリューションがデプロイできる。
- GCPとサードパーティのサービスが1つの請求書に統合されている。
- Deployment Managerを使用してソリューションを管理できる。
- セキュリティ更新プログラムの公開を通知してくれる。
- パートナーサポート（サードパーティのサポート）に問い合わせできる。
- VMインスタンス（GCE）以外にも、GAE、GKE用のタイプもある。
- SaaS（Software as a Service）のAPIを使い、GCPの各サービスと連携ができる。

　それでは、カテゴリ別にソリューションの一部を表5.5-1に記載します。一度は聞いたことがある名称が並んでいると思います。

表5.5-1　カテゴリ別ソリューション

カテゴリ	ソリューション		
仮想マシン	LAMP Stack	GitLab	Re:dash
APIとサービス	SendGrid Email API	Cloudflare	New Relic
コンテナ	Nginx	Redis 3	RabbitMQ
OS	Windows Server 2016	Red Hat Enterprise Linux 7	Core OS

（次ページへ続く）

表5.5-1 カテゴリ別ソリューション（続き）

カテゴリ	ソリューション		
デベロッパースタック	Elasticsearch	Django Stack	Node.js
データベース	Cassandra	MongoDB	MySQL
ブログ・CMS	Wordpress	Drupal	Joomla

※ 上記は代表的なカテゴリとソリューションです。有料版と無料版を含め1,000近いソリューションがあります。

　実際にLauncherを見てみましょう。ここでは表5.5-1に記載されているうち、有名なCMSであるWordPressを選択します。

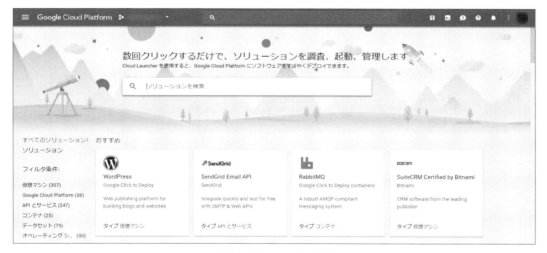

図5.5-1　Launcher画面

図5.5-2　WordPress選択画面

図5.5-3　WordPressのデプロイ画面

238

図5.5-3のとおり、GCEのZoneやスペックの選択が可能で、右側にはOSやソフトウェアのバージョンが分かりやすく記載されています。デプロイをするだけですぐにWordPressを使えるところが、Launcherの魅力だと思います。

特に、このWordPressはGoogleが提供しているソリューション（図5.5-3の右上に記載されているGoogle Click To Deploy提供のソリューション）なので安心感もあります。

> Tips：
> GCEでは、標準のメール送信用ポート(25、465、587)での送信接続は許可されません。その場合、LauncherにあるSendGrid Email APIを活用し、SendGrid（SaaS：Software as a Service）を使うと非常に便利です。月に12,000メールまでなら無料です。
> LauncherにあるSendGrid Email APIの機能と価格を参考にしてみてください。

機能と価格

	Free $0.00/月 現在のプラン	Essentials 40K $9.95/月 定期購入する	Essentials 100K $19.95/月 定期購入する	Pro 100K $79.95/月 定期購入する	Pro 300K $199.95/月 定期購入する	Pro 700K $399.95/月 定期購入する	Premier 1.5M $759.95/月 定期購入する
Emails per month	12,000	40,000	100,000	100,000	300,000	700,000	1,500,000
Flexible Web and SMTP APIs	✓	✓	✓	✓	✓	✓	✓
Support for Development Frameworks Including Go, Ruby, Python, PHP, Node.js and more	✓	✓	✓	✓	✓	✓	✓
Advanced IP and User Management				✓	✓	✓	✓
Advanced Analytics and Reporting	✓	✓	✓	✓	✓	✓	✓
Customized Whitelabeling				✓	✓	✓	✓
Email Suppression and Unsubscribe Group Management	✓	✓	✓	✓	✓	✓	✓
Smartphone and Tablet Applications	✓	✓	✓	✓	✓	✓	✓
Integrated Email Platform supporting Transactional and Marketing email delivery	✓	✓	✓	✓	✓	✓	✓

図5.5-4　SendGrid Email APIの機能と価格表(Launcherの上の画面)

5.6 Cloud Functions

5.6.1 イベント駆動のサーバーレスアプリケーション実行基盤

Functionsは、サーバーレスなアプリケーション実行基盤（Node.jsランタイム環境）です。サーバーレスという点ではGAEに似ていますが、GAEが静的ファイルを含むWebアプリケーションのホスティングに優れている一方で、FunctionsはGUIを必要としない情報の伝達処理（例えばサービスとサービスをAPIによってつなぎ込む処理）に向いています。

5.6.2 トリガーによる動作の開始

Functionsが動作を始めるには、どこかから動作を開始するためのイベントを受け付けなければなりません。リッスン可能なイベントには、GCSのObject Notification、Cloud Pub/Subへのメッセージ、Stackdriver Loggingのログ更新、Firebaseからのイベントなどがあります。

もちろん、httpのエンドポイントも用意されていますので、Webhook的に動作をさせることも可能です。処理を開始するイベント定義のことをトリガー（trigger）と呼びます。

トリガーの例を以下に列挙します。

- GCS Object Notification trigger
- Cloud Pub/Sub messaging trigger
- Stackdriver Logging trigger

5.6.3 Functions（関数）の作成

Functionsを動かすために、GCPのCloud Consoleで関数を作成してみましょう。「関数を作成」をクリックすると、Functionsのスペック（メモリ設定）、トリガー、ソースコードを選択（入力）できるようになります。

図5.6-1　Functionsの初期画面

図 5.6-2　Functions（関数）の作成画面

- 割り当てられるメモリ：128MB、256MB、512MB、1GB、2GB
- トリガー：Pub/Sub のトピック、GCS バケット、HTTP トリガー（HTTPS 通信）
- ソースコード：GCS バケットに格納（インラインエディタでコードを書く場合も）
- リージョン：us-central1（それ以外のリージョンは選択不可能）

　関数の作成が完了すると、図 5.6-3 のとおり、GCS バケットにソースコードが格納され、テストやログの確認ができます。さらに詳しい情報を見るには、「名前」をクリックしてみましょう。

図 5.6-3　Functions（関数）の画面

　図5.6-4のとおり、関数の詳細情報を確認できます。「ソース」を選択するとZIP形式でダウンロードができるので、ソースコードの改修ができます。「編集」ボタンをクリックすると、メモリ、GCSバケット、関数名の変更もできます。

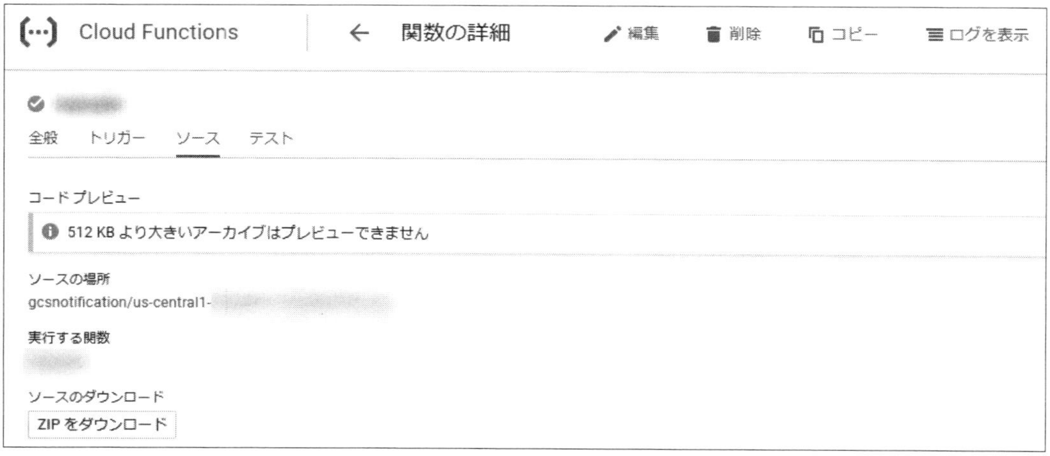

図 5.6-4　Functions（関数）の詳細画面

5.6.4 チュートリアル

　GCP公式サイトには「8つのチュートリアル」があります。Functionsを含めたGCPの様々なサービスをサーバーレスで実行しているので、興味があるチュートリアルを試してみることでFunctionsのよさが体感できると思います。

　　https://cloud.google.com/functions/docs/tutorials/

表5.6-1　8つのチュートリアル

チュートリアル名	概要
HTTP Tutorial	HTTPによるデプロイとトリガー（基本）。
Spanner Tutorial	Spannerを用いたHTTPによるデプロイとトリガー。
GCS Tutorial	GCSのトリガーにより、バックエンド環境をFunctionsでデプロイ。
Pub/Sub Tutorial	Pub/Subのトリガーにより、バックエンド環境をFunctionsでデプロイ。
Optical Character Recognition (OCR) Tutorial	画像ファイルをGCSにアップロードし、Google Cloud Vision APIを使用して画像からテキストを抽出し、Google Cloud Translation APIを使用してテキストを翻訳し、翻訳をGCSに保存。そして、Pub/Subで様々なタスクをキューに入れ、それらをFunctionsで実行。
SendGrid Tutorial	SendGridからメールの送信のためにFunctionsを使い、WebhookでSendGridの分析データを受信、分析データをBigQueryへ読み込み。
Slack Tutorial	Functionsを用いて、Google Knowledge Graph APIを検索するSlack Slashコマンドを実装。
ImageMagick Tutorial	Functionsを用いて、Cloud Vision APIとImageMagickを使用して、GCSのバケットにアップロードされる適正な画像の検出と加工。

✓ここがポイント

FunctionsはNode.js環境のため、プログラミング言語はJava Scriptです（2018年7月にPythonもβ版として使えるようになりました）。ちなみに、DataflowはJava／Pythonのいずれかです。DataflowとFunctionsはどちらもPaaS的なサービスになり、スケーラビリティや可用性についてはGoogle任せで安心ですが、常にオンデマンドで流量があるようなサービスや処理が短時間で終わらないケースにおいてはDataflow、短時間での処理やまれにしかリクエストがないようなケースにはFunctionsというような使い分けになります。

5.7 その他のサービス

その他、近年登場したサービスやGoogle独自のサービスなど特徴的なサービスを紹介します。

5.7.1 Spanner

Spannerはフルマネージドなマルチマスターリレーショナルデータベースです。Bigtable、Cloud SQL、Datastoreと同様のマネージドサービスですが、大きな特徴は、従来のリレーショナルDBとNoSQLの両方の長所を取り入れて、リレーショナルDBなのにスケーラビリティが水平となっているところです。

SQLによるデータ定義とデータ操作、トランザクション処理も可能でありながら、数百以上のノードによる水平スケーリングが可能な、グローバルな分散データベースサービスです。Google社内でも利用され、数ミリ秒のレイテンシでデータを提供する一方で、トランザクションの整合性を維持し、最大で99.999％（5ナイン）の可用性を実現するなど、次期データベースサービス（フルマネージド）として注目されています。

表5.7-1　Spannerの特徴

項目	Spanner	従来のリレーショナルDB（MySQLなど）	従来の非リレーショナルDB（NoSQLなど）
スキーマ	○ あり	○ あり	× なし
SQL	○ あり	○ あり	× なし
整合性	○ 強整合性	○ 強整合性	× 結果整合性
可用性	○ 高い	× フェイルオーバー	○ 高い
スケーラビリティ	○ 水平	× 垂直	○ 水平
レプリケーション	○ 自動	△ 構成可能	△ 構成可能

※ 引用元：https://cloud.google.com/spanner

SpannerはGCEを使います。リージョンは4つ（アイオワ、ベルギー、台湾、日本）を選択できますが、必ず「3つ」のレプリカが作成され、リージョン内の可用性ゾーンに維持されます。そして、GCE VMインスタンスのノード数を決定することで、DBが利用可能なストレージのリソース量が決定されます。

Spannerの利用における注意点は、大きく分けて3つあります。

① ノード数（GCE VMインスタンス）を多くすると高額になる（最低でも月額8万円以上）。
② ノード数の自動調整は行われない。StackDriver Monitoringの通知機能を活用する。
③ GCP公式サイトのベストプラクティスに基づいた設計[注6]とSQLの実行[注7]を行う。

5.7.2 Endpoints

Endpointsは、サービス、ランタイム、ツールからなる分散API管理システムです。OpenAPI仕様に基づいて設定されたEndpointsは、GAEやGKEのバックエンド機能の1つとなり、管理からモニタリング、認証機構までを提供します。

主な特徴を列挙します。

- ユーザー認証
  JWT（JSON Web Token）検証、Firebase Authentication、Google認証、OAuth2に対応しています。

- 基本性能
  nginxベースのプロキシと分散型アーキテクチャにより、卓越したパフォーマンスとスケーラビリティを実現しています。

- 超高速処理
  Extensible Service Proxyを使うことで、1回の呼び出し当たり1ミリ秒以内にセキュリティと分析情報を提供します。GAEやGKEでAPIを自動的にデプロイしたり、プロキシコンテナをKubernetesのデプロイに追加したりできます。

注6　https://cloud.google.com/spanner/docs/best-practices
注7　https://cloud.google.com/spanner/docs/sql-best-practices

- 高い柔軟性

    任意のAPIフレームワークや言語を使用することも、JavaまたはPythonのオープンソースGoogle Cloud Endpoints Frameworksを使用することもできます。Open API仕様をアップロードし、コンテナ化されたプロキシをデプロイするだけです。

Endpointsはモバイルアプリと親和性が高く、自分で開発したAPIを「Endpoints」で管理し、インターネットから見るとGAEやGKEのバックエンドに位置し、APIの参照などができます。

EndpointsはGCPの高い性能と処理能力に恩恵があり、かつ、APIの性能状況をリアルタイムにモニタリングできるため、特に「認証を必要とするモバイルアプリ」の開発にとって魅力的なGCPサービスの1つでしょう。

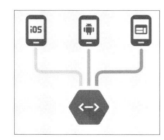

図5.7-1　Endpointsとモバイルアプリの関係図

Tips：
GCP公式サイトでは、以下の言語で記述されたサンプルコードが公開されています。開発言語が分かる方は一読することをおすすめします。YAML形式でデプロイします。

- Python
- Go
- Java
- Node.js
- Ruby
- PHP

5.7.3 Genomics

　Genomicsは、世界の遺伝情報の体系化を進め、情報のアクセス性と使いやすさの向上に取り組んでいる生命科学コミュニティを支援します。遺伝子データは膨大で、そのスケールはペタバイトからエクサバイトへ急速に増大しています。GCPの拡張機能を活用すれば、Google検索やGoogleマップと同じ技術を使って大規模かつ複雑なデータセットを保存、処理、検索、共有できます。

　主な特徴を列挙します。

- 分析結果を迅速に取得
  大規模な研究プロジェクトの全遺伝子情報に対するクエリでも、数秒で結果が得られます。遺伝子や実験もいくつでも同時に処理できます。

- プロジェクトに合わせてスケール
  解析する遺伝子が1個であっても100万個であっても、規模にかかわらずGenomicsは解析を進める上で必要な性能と柔軟性を提供します。

- オープンで相互運用が可能
  Genomicsはオープンな業界標準規格をサポートします。Global Alliance for Genomics and Healthの開発規格にも対応し、必要に応じてグループや共同研究者、またはより広いコミュニティでツールやデータを共有できます。

- 情報セキュリティで信頼性を向上
  Googleのインフラストラクチャは、HIPAAおよび医療情報の保護要件を満たす、または要件以上に信頼性の高い情報セキュリティを提供します。
  また、HIPAA事業提携契約書が適用されます。National Cancer Institute Cancerのクラウド試験運用については、FedRAMP ATOから利用できます。

- データ共有
  解析された貴重かつ大量のデータは、ほかの研究者やデベロッパー、医療機関などにとっても価値あるものです。データをGCSに保存することで第三者と共有できます。

図 5.7-2　Genomicsのデータセット画面

　Genomicsはバイオインフォマティクス研究者のための特殊機能のように思われるかもしれませんが、GCPのリソースをうまく活用したサービスと理解する方がよいでしょう。

　基本的な手順は、以下のとおりです。

① GCSバケットに解析したいゲノムデータを保存
② Genemoicsでバリアント（細胞）をセットし、クエリを実行
③ BiqQueryを活用した大規模なバリアント分析、分析結果はGCSに保存

5.7.4 IoT Core

　IoT Coreは、IoT端末の管理（デバイスの接続、管理、データ取り込み）を簡単に行うことのできるフルマネージドサービスです。IoT Coreの内部はPub/Subを使用していることから、高性能のデータの送受信（ストリーム）を発揮することができ、単一のグローバルシステムとして、GCPリソースとシームレスに結合されています。

　図5.7-3は、IoTにおけるIoT Coreの活用イメージです。IoT Coreがインターネットからの「入口」となり、IoTデバイスとデータの送受信を行います。

　IoT Coreで受け取ったデータ内容に応じて、GCPリソース（Functions、Pub/Sub、Dataflow）で処理の処理（整形）を行い、保存／分析（Bigtable、BiqQuery）します。

　また、機械学習（ML）を活用することで、IoTデバイスから送信されたデータに新たな発見（傾向）が得られる可能性もあります。

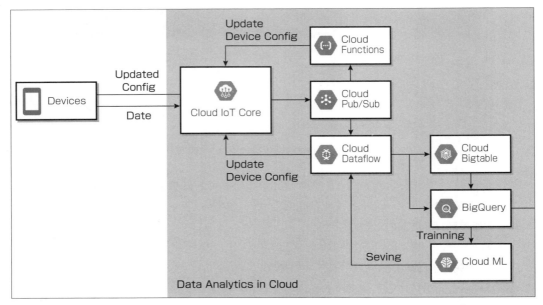

図 5.7-3　IoT Coreの活用イメージ（引用元：https://cloud.google.com/iot-core）

それでは、IoT Coreの画面を見てみましょう。Cloud Consoleから「IoT Core」を選択します。

図 5.7-4　IoT Core画面

リージョンはasia-east1、プロトコルはMQTT、HTTP、Pub/Subを活用していることが分かると思います。レジストリをクリックし、さらに詳細な情報を見てみましょう。

図5.7-5　IoT Coreレジストリ画面

　図5.7-5の画面にて、端末（IoTデバイス）を追加することができます。端末（IoTデバイス）とIoT Coreとの接続をよりセキュアにするためには「公開鍵」を登録し、端末認証情報の署名検証には「CA証明書」を必要とします。ただし、秘密鍵はIoTデバイスまたはIoTデバイスとインターネットの間にあるゲートウェイに組み込む必要があります。

　さらに、通信経路を暗号化（HTTPS/MQTTS）にするには、GCP以外のIoTプラットフォームを活用することで、IoTデバイス管理、IoTデバイスの認証、通信経路の暗号化などが容易になります。IoTプラットフォームとGCPの様々なリソースを組み合わせることで、双方のストロングポイントを活かしたIoTサービスを構築することが可能です。

> Tips：
> IoT Core、Pub/Subを正式にサポートしているIoTプラットフォームはSORACOMです。以下のURL（ブログ）が2017年6月15日に公開されており、設定方法も参考になります。
>
> 「新機能：SORACOMがGoogle Cloud Platformと連携出来るようになりました!」
> 　https://blog.soracom.jp/blog/2017/06/15/soracom-google-connected/

5.7.5 Dataprep

Dataprepは分析用に構造化データと非構造化データの視覚的な探索、クリーニング、準備を行うためのインテリジェントデータサービスです。

Dataprepは Trifacta (https://www.trifacta.com) とのコラボレーションにより、強力な処理機能を有するDataflowを基盤として構築されたサーバーレスアーキテクチャです。しかも、GUI (Cloud Console) で操作し、分析結果を表示できます。コマンドは不要です。

データの抽出元は、GCSやBigQueryに保存されたCSV／JSONなどで、これをDataprepで分析し、BiqQueryにエクスポートすることで、さらなる分析を行うことができます。

Googleサービスには「Data Studio」という類似したサービスがありますが、以下のように整理すると分かりやすいです。

- Data Studio：BI（可視化）ツール
- Dataprep：ETL（Extract/Transform/Load）ツール

操作方法については、GCP公式ドキュメントのQuickstartが非常に分かりやすいので、ここではDataprepの分析結果画面を以下に記載します。

なお、GCP公式ドキュメントのURLは、以下のとおりです。

https://cloud.google.com/dataprep/docs/quickstarts/quickstart-dataprep

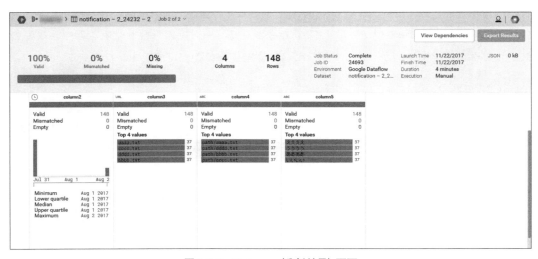

図5.7-6　Dataprep（分析結果）画面

5.7.6 Datalab

　Datalabは、デベロッパーやデータサイエンティストがBigQuery、GCS、ローカルストレージのデータを簡単に探索、分析、視覚化できるインタラクティブなデータサイエンスワークフローツールです。

　機械学習開発では、フルライフサイクルアプローチを取ることができます。つまり、ローカルに格納された小規模なデータセットを対象としてモデルのプロトタイプを作成した後、クラウド内で完全なデータセットを使用してトレーニングを行います。

　TensorFlowなどがサポートされており、DataflowやDataprocを用いたバッチ処理、ストリーミング処理も可能になっています。そのほか、Stackdriver Monitoringとの連携が可能です。

　さらに、分かりやすく説明すると、DatalabはJupyter NotebookをGCPで容易に利用できるサービスです。Python2系と3系、SQLなどに対応しており、例えば、Pythonの実行結果をGUIで確認できるので、データサイエンティストまたは機械学習エンジニアにとって便利なサービスです。

　Jupyter NotebookをPCにインストールし、設定を行えば、独自のカスタマイズが可能となりますが、素早くPythonを実行し、その結果を見たい場合にDatalabは役立ちます。

　Datalabの特徴を列挙します。

- GCEで実行できるため、GCPの各リソースと連携が可能
- Cloud ShellなどのCLIで起動する必要があるが、GCE起動後はGUI（GCPのCloud Console）で操作が可能
- データ量に依存しないため、BigQueryによる数テラバイトのデータのクエリ、サンプリングデータのローカル分析、Cloud Machine Learning Engineで数テラバイトのデータのトレーニングジョブなどを手軽に実行することが可能
- データの管理と可視化できる環境が用意され、データの探索／変換／分析を行い、BigQuery、GCS、Pythonで可視化することが可能
- TensorFlowベースのディープMLモデルのサポート、Machine Learning Engine専用のライブラリを活用することができるため、機械学習開発環境として最適

　それではDatalabを起動し、どのようなことができるのかイメージしてみましょう。Cloud Shellを有効化し、gcloudコマンドを実行できる環境を用意します。

図5.7-7　Cloud Shell有効画面

　Datalab環境を用意するのは非常に簡単で、最も丁寧な方法でDatalabを起動する手順を記載します。

```
// プロジェクトID、プロジェクトの一覧を表示
$ gcloud projects list

// プロジェクトIDの指定
$ gcloud config set core/project [プロジェクトID]

// ゾーンの選択（東京リージョンのゾーンを選択）
$ gcloud config set compute/zone asia-northeast1-a

// Datalab VMインスタンス（GCE）の作成と接続
$ datalab create [VMインスタンス名]

// VMインスタンスの起動結果と接続方法の説明
Creating the instance [VMインスタンス名]
Created [https://www.googleapis.com/compute/v1/projects/cloud-ace-demo/zones/asia-northeast1-a/instances/[VMインスタンス名]].
Connecting to [VMインスタンス名].
This will create an SSH tunnel and may prompt you to create an rsa key pair. To manage these keys, see https://cloud.google.com/compute/docs/instances/adding-removing-ssh-keys
Waiting for Datalab to be reachable at http://localhost:8081/
```

　では、Datalabの画面（GUI）にアクセスしましょう。上記のとおり「http://localhost:8081」でアクセスする方法が最も簡単です。

　Cloud Shellの右上の「◇」をクリックし、ポート8081に変更しましょう。新しいタブが開き、Datalabの初期画面が表示されます。

　GCEのマシンスペックはn1-standard-1（vCPU×1、メモリ3.75GB）となっており、Coud ConsoleのGCE画面においても、DatalabのVMインスタンスは確認できます。

図 5.7-8　Datalab 初期画面

最後に、Datalabのクリーンアップ（GCE VMインスタンスの削除）をしましょう。Datalabは用途の幅が広く、しかも簡単に利用できるので、Datalabを学ぶことによって自分やチームの開発環境を新たに1つ入手したことになります。

```
// Datalabのクリーンアップコマンド
$ datalab delete [VMインスタンス名]

// yキーを押下する（インスタンスとディスクの削除のため2回確認がある）
Do you want to continue (y/n)?  y
```

第6章

機械学習

　近年、機械学習やAIといった言葉に注目が集まっています。将棋や囲碁のAIがプロ棋士に勝利したというニュースを聞いたことがある人もいると思いますが、これを実現する技術にも機械学習が用いられています。

　機械学習に注目が集まった背景として、プロセッサの能力が飛躍的に向上したことと、インターネットの発達によって大規模なデータを集めやすくなったことが挙げられます。プロセッサ能力の向上によって、従来では理論はあっても計算できなかった規模の計算を実行できるようになり、ビッグデータを活用することでより精度の高い機械学習モデルを構築できるようになりました。

　本章では、GCPで機械学習モデルをトレーニングする方法を、プログラミング言語Pythonの機械学習ライブラリであるTensorFlowと併せて紹介します。

6.1 機械学習の基本

6.1.1 機械学習の一般的な知識

　機械学習とは、データの背後にある数学的なパターンを見つける技術とも言えます。迷惑メールの自動判別や、画像に写っているヒトや車といった物体を識別するような、論理的に人が判断ロジックを設計するのが困難なことを、大量のデータをベースに学習・トレーニングさせることで判断できるようにするものです。

　機械学習の手法には大きく分けて「教師あり学習」、「教師なし学習」、「強化学習」があります。もっと細かく言えば、教師あり学習の中に「回帰」と「分類」モデルがあり、教師なし学習の中に「クラスタリング」や「主成分分析」といったモデルがあります。

　解くべき問題に対して、どのような手法が適切であるのかを判断するのは、機械学習エンジニアの腕の見せどころです。本章の6.3節では、教師あり学習の分類モデルの構築をします。

6.1.2 GCPにおける機械学習への取り組み

　第7章で扱うSpeech APIやVision APIなどの製品は、Googleによってトレーニングされた機械学習モデルを使用できるサービスです。これらのサービスを使用することで、誰でも簡単に機械学習の技術を扱えるようになりました。

　また、トレーニング済みの機械学習モデルを利用できるこれらのサービスに加えて、画像の中に写っている物体を、カスタムに定義したラベルを用いて検出できるオリジナルの機械学習モデルを作成できるサービスとして、Cloud AutoML Vision[1]も α 版として発表されています。

　このように、機械学習についての知識がない人でも、GCPのサービスを利用することで機械学習の技術を利用できるようになりました。しかし、いざ自分たちのデータを使って自分たちのビジネスに役立つ独自の機械学習モデルを構築しようとすると、これらのサービスではカバーできません。オリジナルの機械学習モデルを作成するためのものが、6.2節で紹介するTensorFlowと、6.3節で紹介するCloud Machine Learning Engineです。

注1　https://cloud.google.com/automl/

6.2 TensorFlow

TensorFlowとは、Googleが開発しオープンソースプロジェクトとなった、Pythonで機械学習モデルを作成するためのライブラリです。TensorFlowを活用することで、開発者はより簡単に高度な機械学習モデルを作成できるようになります。GitHubでのスター数[注2]も9万を超えており、その人気の高さが伺えます。

TensorFlowと6.3節で取り上げるCloud Machine Learning Engineを組み合わせることで、複数のコンピューターを並列に動作させる分散学習という手法を利用して高速に機械学習モデルの構築が可能になります。

AlphaGo Zero[注3]はTensorFlowの分散学習を利用して、膨大な計算を高速に実行して作成された機械学習モデルとして有名な事例です。6.1.1項で挙げた手法の中の「強化学習」を利用しています。

6.2.1 TensorFlowのAPI階層について

TensorFlowはオープンソースとして公開されて以来、開発者がより機械学習モデルを構築しやすいように改良されてきました。

図6.2-1に、TensorFlowで利用できるAPI階層を示します。図の中で上のレイヤーになるほど、より簡単に機械学習モデルの定義とトレーニングが可能になります。基本的には、Estimatorsと呼ばれる、高レベルAPIを利用します。

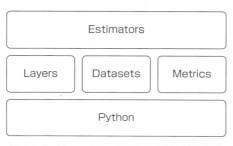

図6.2-1　TensorFlowで利用できるAPI階層

注2　https://github.com/tensorflow/tensorflow
注3　https://deepmind.com/blog/alphago-zero-learning-scratch/

6.3 Cloud Machine Learning Engine

本節では、GCPの製品の1つであるCloud Machine Learning Engineを紹介し、実際の使い方や料金について説明します。

6.3.1 Cloud Machine Learning Engineとは

Cloud Machine Learning Engine（MLEngine）とは、TensorFlowによって構築された機械学習モデルのトレーニングと予測を大規模に実行できるマネージドサービスです。トレーニングを高速に実行するためのGPUを使用したトレーニングに加え、トレーニングしたモデルを使用したオンライン予測とバッチ予測に対応しています。

6.3.2 トレーニングのための準備

TensorFlowを利用して機械学習モデルを構築する例として、ここではGCPによって公開されている、労働者の収入額を予測するモデルを構築するサンプルプログラム[注4]を使用します。

モデルのトレーニングに使用するデータとして、米国国内における、性別や労働時間などの特徴量と収入額の関係についての国勢調査のデータを使用します。このデータはCloud Storageに誰でも使用できるように公開されていて、以下のコマンドでダウンロードできます。

注4のリンクからダウンロードしたファイルを解凍し、「cloudml-samples-master」-「census」-「estimator」へ移動してください。以降はこのディレクトリから作業を行います。

```
$cd cloudml-samples-master/census/estimator
$mkdir data
$gsutil -m cp gs://cloudml-public/census/data/* data/
```

トレーニングプログラム実行のために、以下の環境変数を設定します。

注4 https://github.com/GoogleCloudPlatform/cloudml-samples/archive/master.zip

```
$TRAIN_DATA=$(pwd)/data/adult.data.csv
$EVAL_DATA=$(pwd)/data/adult.test.csv
```

依存関係をインストールするために、ダウンロードしたサンプルの中の「requirements.txt」を使用します。

```
$pip install -r ../requirements.txt
```

6.3.3 ローカルトレーニングの実行

MLEngineにトレーニングジョブをリクエストする前に、プログラムにエラーがないことを確認するために、MLEngineに近い環境でローカルでテスト実行します。

モデルの出力ディレクトリとして環境変数MODEL_DIRを設定し、gcloudコマンドでローカルトレーニングを実行します。

```
$MODEL_DIR=output
```

```
$gcloud ml-engine local train ¥
--module-name trainer.task ¥
--package-path trainer/ ¥
-- ¥
--train-files $TRAIN_DATA ¥
--eval-files $EVAL_DATA ¥
--train-steps 1000 ¥
--job-dir $MODEL_DIR ¥
--eval-steps 100
```

--module-name, --package-pathはgcloudコマンドの引数ですが、4行目の-- ¥から下はpythonプログラムの実行時に渡す引数です。gcloudコマンドの引数について簡単に解説を加えます。

```
--module-name trainer.task
```

この引数は、trainerディレクトリにあるtask.pyファイルの実行を指定しています。MLEngineでpythonプログラムを実行するためには、必ずモジュールとしてまとめる必要があります。

自分のプログラムをMLEngineで実行するためには、空の__init__.pyというファイルをプ

ログラムファイルと同一のディレクトリにまとめます。

```
--package-path trainer/
```

　この引数には、トレーニングプログラムやその依存関係を含むディレクトリを指定します。上記のコマンドを実行すると、outputディレクトリ以下にトレーニングしたモデルが出力されます。

```
model.ckpt-1000.data-00000-of-00001,
model.ckpt-1000.data-00000-of-00001.index,
model.ckpt-1000.data-00000-of-00001.meta
```

　この3つのファイルが、1000回トレーニングした時点におけるモデルです。

Column ▶ TensorBoardによる学習状況の可視化

TensorBoard[注5]を利用すると、学習状況を可視化して表示することができます。ローカルでトレーニングしたモデルをTensorBoardで見てみます。

TensorBoardを使用するには、以下のコマンドを実行します。

```
$python -m tensorflow.tensorboard --logdir=$MODEL_DIR
```

TensorBoardが起動したら、ブラウザでhttp://localhost:6006を指定してアクセスします。図6.3-1のように、誤差関数の値が小さくなっていく様子などを確認することができます。

図6.3-1　TensorBoardによる可視化

TensorBoardはトレーニングを実行中でも、リアルタイムのトレーニング状況を表示することができます。時間のかかるトレーニングを実行する場合には必要なデータをTensorBoardへ出力して、学習状況をグラフィカルに確認できるようにします。

注5　https://www.tensorflow.org/programmers_guide/summaries_and_tensorboard

6.3.4 Cloud Machine Learning Engineを使用したトレーニング

本項ではMLEngineを使用して、GCPでトレーニングを行っていきます。ローカルでのトレーニングでは、トレーニングのためのサンプルデータや出力するモデルを自分のコンピューターへ保存することができましたが、MLEngineでのトレーニングに使用するサンプルデータの保存場所やモデルを出力する場所はCloud Storageを利用します。

Cloud Storageバケットを設定する

環境変数を設定し、gsutilコマンドでバケットを作成します。

```
$PROJECT_ID=$(gcloud config list project --format "value(core.project)")
$BUCKET_NAME=${PROJECT_ID}-mlengine
```

```
$gsutil mb -l us-central1 gs://$BUCKET_NAME
```

続いて、サンプルデータファイルを作成したバケットへアップロードし、ローカルでのトレーニングの際に使用した環境変数を、Cloud Storageバケット内のファイルを使用するように変更します。また、トレーニングしたモデルを出力するためのフォルダも指定しておきます。

```
$TRAIN_DATA=gs://$BUCKET_NAME/data/adult.data.csv
$EVAL_DATA=gs://$BUCKET_NAME/data/adult.test.csv
$OUTPUT_PATH=gs://$BUCKET_NAME/train
```

これで、MLEngineでトレーニングを実行する準備が整いました。早速、以下のコマンドで実行してみます。

```
$gcloud ml-engine jobs submit training census_$(date +%s) ¥
--job-dir $OUTPUT_PATH ¥
--runtime-version 1.4 ¥
--module-name trainer.task ¥
--package-path trainer/ ¥
--region us-central1 ¥
-- ¥
--train-files $TRAIN_DATA ¥
--eval-files $EVAL_DATA ¥
--train-steps 1000 ¥
--verbosity INFO
```

新しく登場した引数について解説します。

```
--job-dir
```

--package-pathで指定したディレクトリを保存する場所を指定します。MLEngineはトレーニングに必要なパッケージをCloud Storageバケットへ保存する必要があります。

```
--runtime-version
```

MLEngineが使用するTensorFlowなどのpythonライブラリのバージョンを指定します。ランタイムバージョンが異なると、MLEngineが対応するライブラリや使用できるバージョンが異なります。

最新の対応状況は、MLEngineのドキュメント[注6]を参照してください。その際、なるべく英語版のドキュメントを参照するようにしてください。ほかのサービスにも言えることですが、日本語のドキュメントは情報が古いことがあります。

```
--region
```

MLEngineのトレーニングを実行するリージョンを指定します。リージョンによって料金やGPUの対応状況が異なります。

MLEngineトレーニングジョブ結果が出力されます。

```
Job [census_1518886130] submitted successfully.
Your job is still active. You may view the status of your job with the command

  $ gcloud ml-engine jobs describe census_1518886130

or continue streaming the logs with the command

  $ gcloud ml-engine jobs stream-logs census_1518886130
jobId: census_1518886130
state: QUEUED
```

GCPの管理コンソールからもトレーニングジョブを確認してみます。「ML Engine」-「ジョブ」と辿ることで、図6.3-2のように確認できます。

注6 https://cloud.google.com/ml-engine/docs/runtime-version-list

図6.3-2　トレーニングジョブ結果画面

　トレーニングが開始されると、上図の「ログを表示」からトレーニングのログを確認することができます。図6.3-3のように、ローカルでの実行時と同じログがStack Driver Loggingに出力されています。

図6.3-3　トレーニングログの確認（Stack Driver Logging）

6.3.5 トレーニングモデルをデプロイして予測に使用する

　モデルのトレーニングが完了すると、そのモデルを使用して予測を実行できるようになります。まず、以下のコマンドで予測モデルを作成します。

```
$gcloud ml-engine models create census --regions=us-central1
```

　続いて、トレーニング済みモデルのCloud Storageにおけるフルパスを調べます。

6.3 Cloud Machine Learning Engine

```
$gsutil ls -r gs://$BUCKET_NAME/train/export
```

出力の中からgs://<$BUCKET_NAME>/train/export/census/<timestamp>/という形式のディレクトリを探し、このパスをコピーして環境変数MODEL_BINARIESにセットします。

```
$MODEL_BINARIES=gs://$BUCKET_NAME/train/export/census/1518886271/
```

次のコマンドを使用して、バージョンv1の予測モデルをデプロイします。

```
$gcloud ml-engine versions create v1 ¥
--model census ¥
--origin $MODEL_BINARIES ¥
--runtime-version 1.4
```

次のコマンドを使用することで、モデルの一覧を取得することができます。

```
$gcloud ml-engine models list
NAME                    DEFAULT_VERSION_NAME
census                  v1
```

モデルのデプロイが確認できたところで、データをリクエストして予測を実行してみます。今回使用するデータは次のJSONファイルです。

```
{"age": 25, "workclass": " Private", "education": " 11th", "education_num":
7, "marital_status": " Never-married", "occupation": " Machine-op-inspct",
"relationship": " Own-child", "race": " Black", "gender": " Male", "capital_gain": 0,
"capital_loss": 0, "hours_per_week": 40, "native_country": " United-States"}
```

このデータは、ダウンロードしたサンプルの中にtest.jsonとして存在します。JSON形式のファイルを予測に使用するためには、次のコマンドを実行します。

```
$gcloud ml-engine predict ¥
--model census ¥
--version v1 ¥
--json-instances ¥
../test.json
```

結果が次のように返ってきます。なお、結果のみを抜粋しています。

```
CLASS_IDS
[0]
```

　これは、リクエストしたデータが、年収5万ドル未満に属するという予測の結果です。年収額が5万ドルよりも大きくなるようにデータを改変して、予測リクエストを投げてみて、予測結果が変化することを確認してみるとよいでしょう。

> **✓ ここがポイント**
>
> 性別や学歴など複数のパラメータから結果を導き出しています。本来この程度の問題であれば、いくつかの条件に基づくモデルを人が設計することも可能かもしれませんが、これをデータのインプットとアウトプットから自動で分別する条件を導き出せるようになっているところが重要なのです。もっともっと複雑化して、人が想像もつかないような条件を見つけ出してくるようなものが期待されています。すでに、Alpha Goなどに代表されるような事例として世に出てきています。

6.3.6 複雑なモデルのトレーニングをGPUで高速化する

　ここまでのサンプルでは、比較的単純なモデルのトレーニングを行ってきましたが、現実のモデルはもっと複雑で、CPUを利用した計算では非常に時間がかかってしまうことがあります。ここでは、MLEngineでGPUを使う方法を説明し、gcloudコマンドのおさらいも兼ねて、複雑なモデルのトレーニング時間をCPU、GPUを使った場合で比較してみます。

▍サンプルモデルを準備する

　複雑なモデルのサンプルとして、「0」から「9」の手書き文字を分類するモデルを使用します。このサンプルモデルはGitHubで公開されているので、以下のコマンドでダウンロードすることができます。

```
$ git clone https://github.com/GoogleCloudPlatform/cloudml-dist-mnist-example
```

　以降はこのディレクトリ内から作業を行います。

▍トレーニングのための準備

　ここからの流れは6.3.4項と同様です。必要な環境変数を設定し、トレーニングに必要なCloud Storageバケットを作成していきます。以下のコマンドを順番に実行し、準備を整えてください。

6.3 Cloud Machine Learning Engine

```
$BUCKET_NAME=${PROJECT_ID}-mnist
$gsutil mb -l us-central1 gs://$BUCKET_NAME
$python ./scripts/create_records.py # トレーニングのデータセットをダウンロードします
$gsutil cp /tmp/data/train.tfrecords gs://${BUCKET_NAME}/data/
$gsutil cp /tmp/data/test.tfrecords gs://${BUCKET_NAME}/data/
```

まずはローカルで実行してみましょう。次のコマンドで実行できます。

```
$gcloud ml-engine local train ¥
--package-path trainer ¥
--module-name trainer.task ¥
-- ¥
--data_dir gs://$BUCKET_NAME/data ¥
--output_dir output ¥
--train_steps 1000
```

前のサンプルモデルと同じ1,000ステップの学習をさせていますが、モデルが複雑なため、6.3.4項のトレーニングよりも時間がかかったと思います。

試しに10,000ステップの学習をCPUのみのMLEngineに実行させてみると、図6.3-4のように1時間16分かかりました。このトレーニングをGPUを使って高速化します。

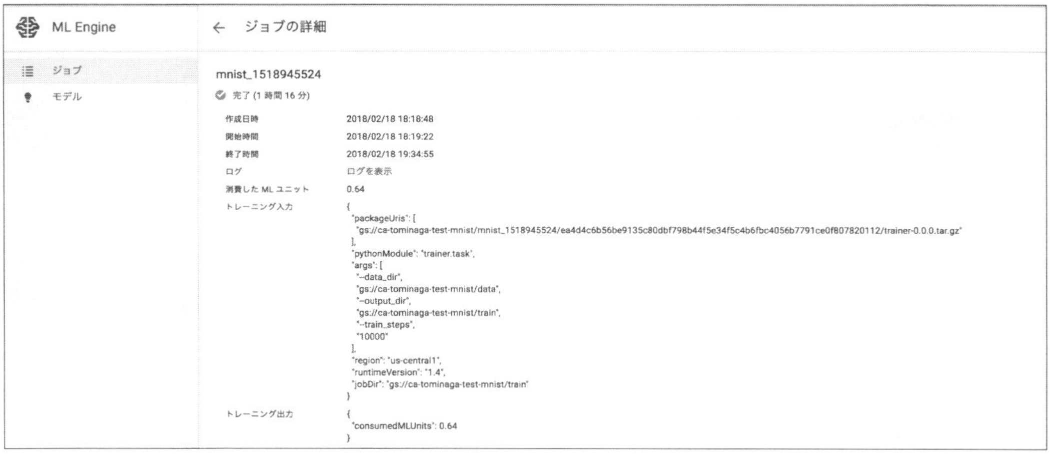

図6.3-4 MLEngine実行結果（CPU版）

GPUを使用するための準備

MLEngineでGPUを使用するためには、プロジェクトに対して、トレーニングを実行するリージョンにGPUのリソースが割り当てられている必要があります。現在の割り当て状況を確認するには、GCPの管理コンソールにて「IAMと管理」-「割り当て」の画面から、図6.3-5のようにフィルタリング条件を指定します。

図6.3-5　GPUの使用準備

上図では「0 / 64」と表示されていて、最大64個のGPUを使用することができますが、「0 / 0」となっている場合は使用できません。その場合は割り当て量を増加させるリクエストが必要になります。割り当て量を増加させるには、図6.3-6を参考に、チェックを付けて画面上部の「割り当てを編集」から、必要事項を記入してリクエストを送信してください。

図6.3-6　GPUの割り当て

GPUを使用できるリージョン

2018年2月時点で、GPUを使えるリージョンは、us-central1、us-west1、us-east1-d、europe-west1、asia-east1です。東京リージョンを含む、これら以外のリージョンではGPUを使用することはできません。GPUについての詳細は、GCP公式ドキュメント[注7]を参照してください。

MLEngineのトレーニングにGPUの割り当てを指定する

これでGPUを使用する準備が整ったので、MLEngineのトレーニングジョブに早速使用してみます。GPUを使用するためには、以下のように--scale-tierというトレーニング階層[注8]を指定する引数を1つ加えるだけです。

```
$gcloud ml-engine jobs submit training mnist_(date +%s) ¥
--package-path trainer ¥
--module-name trainer.task ¥
--staging-bucket gs://$BUCKET_NAME  ¥
--job-dir gs://$BUCKET_NAME/train ¥
--runtime-version 1.4 ¥
--region us-central1 ¥
--scale-tier BASIC_GPU ¥
-- ¥
--data_dir gs://$BUCKET_NAME/data ¥
--output_dir gs://$BUCKET_NAME/train_gpu ¥
--train_steps 10000
```

BASIC_GPUは、モデルのトレーニングに1台のGPUインスタンスを使用する指定をします。リソースの割り当て量を確保していない場合は、エラーとなります。GPUを使って学習させた結果が図6.3-7です。

注7 https://cloud.google.com/compute/docs/gpus/
注8 https://cloud.google.com/ml-engine/docs/training-overview?hl=ja#job_configuration_parameters

図6.3-7　MLEngine実行結果（GPU版）

　GPUを使用すると約31分となりました。GPUを使用しない場合の学習時間が1時間16分でしたので、倍以上の速さで学習できていることが確認できます。もっと大規模になると、さらに差が広がるものと思われます。

6.3.7 料金について

　この項では、MLEngineのトレーニング、およびトレーニングしたモデルを使って値を予測する際にかかる費用について説明します。

トレーニングの料金

　まずは、モデルのトレーニングの料金について、ここまでにMLEngineでトレーニングしたジョブを例に、料金の計算方法について説明します。トレーニングの料金は、割り当てたコンピューティングリソースとトレーニング時間に依存します。料金の計算には、図6.3-8に示すように、トレーニングジョブ詳細に表示される「消費したMLユニット」の値を用います。

図6.3-8　MLユニット値の画面

　実行するリージョンによって料金が異なることを覚えておきましょう。USリージョンでは、MLユニット当たり0.49ドル、その他のリージョンではMLユニット当たり0.54ドルとなっています。ここまでのサンプルでは、us-central1リージョンを使用してきたので、図6.3-8のトレーニングジョブの料金は、1.05 × 0.49 ≒ 0.51ドルと求めることができます。

予測の料金

　予測には、バッチ予測とオンライン予測の2種類があります。前者はまとまったデータを与えて任意のタイミングで値の予測を実行し、後者はリアルタイムにデータを与えて値を予測します。

　予測に使用されるコンピューティングリソースは自動的にスケールし、1つのワーカーノードを1時間使用した場合のそれぞれの料金は表6.3-1のとおりです。特にリソースを指定しない場合は、最大10ノードまでスケールします。

表6.3-1　予測の利用料金

項目	US	EU／ASIA
バッチ予測	$0.09262/1時間	$0.10744/1時間
オンライン予測	$0.3/1時間	$0.348/1時間

　リアルタイムな予測をするオンライン予測の方が、料金が高いことを覚えておきましょう。MLEngineの料金についての詳細は、公式ドキュメント[注9]を参照してください。

　また、これらMLEngineの料金に加えて、トレーニングに使用するデータやトレーニングしたモデルを保存するCloud Storage（GCS）の料金もかかります。

　MLEngineは、ほかのサービスに比べて比較的多くのコンピューティングリソースやストレージ容量を必要とするため、利用料が高くなる傾向にあります。

注9　https://cloud.google.com/ml-engine/pricing

第7章

GCPで使える APIの紹介

GCPには多種多様なAPIを提供しています。本章では、機械学習で活用するAPIの解説を行います。

1. APIs Explorer
2. Vision API
3. Translate API
4. Speech API
5. Video Intelligence API

また、**GCPのAPIのリリースは非常に早く、例えばCloud Jobs API**(限定公開α版) など、新たなAPIが追加されますので、最新情報はGCP公式サイトを参照してください。

- GCP公式サイトAPI関係URL

https://cloud.google.com/products

7.1 APIs Explorerで簡単にトライ

　GCPの機械学習APIを紹介する前に、それらを簡単に試せるAPIをご紹介します。APIs Explorerは、Googleが提供しているプロダクトのAPIをWebブラウザから試すことができるサービスです。APIs Explorerは次のURLからアクセスできます。

　　https://developers.google.com/apis-explorer/

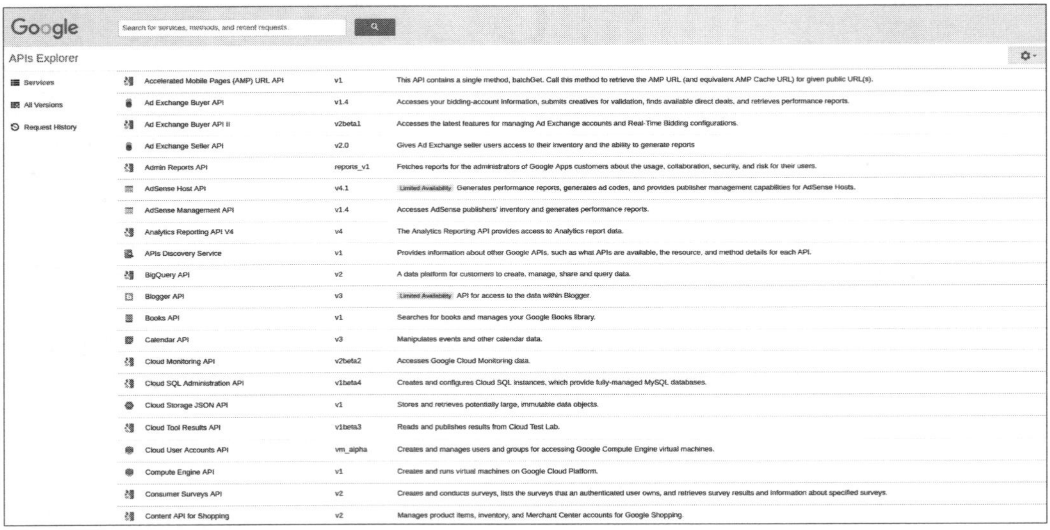

図7.1-1　APIs Explorerトップ画面

　Googleは、Gmail、Googleドライブ、Googleカレンダーなどのプロダクト、および画像認識や音声認識に利用できる機械学習モデルのサービスを多数提供しています。これらのサービスにはAPIが用意されており、開発者はそのAPIを利用することで、Googleのプロダクトやサービスと連携するシステムを開発できるようになっています。

　GoogleのAPIを利用するシステムを開発しているとき、リファレンスを読んでいて分かりづらいところについて、実際にAPIにリクエストを送信し動作させ、具体的にどのような結果が取得できるか試してみたい状況がしばしば発生します。しかし、ちょっとした動作確認でクライアントアプリケーションをコーディングするのも結構な手間です。

そうしたときに、APIs Explorerで簡単にWebブラウザからAPIへリクエストを送り、結果を確認することができます。

本章の内容について

本章ではAPIのリクエスト／レスポンス内容をGitHubリポジトリにて公開しています。本書ではファイル名のみを示しますので、ファイルの内容はリポジトリをクローンしてご確認ください。

- リポジトリURL

https://github.com/cloud-ace/book-GCPnoKyoukasyo

GitHubからクローンすると、以下のようなディレクトリ構成になっています。

```
book-GCPnoKyoukasyo
└─src
    └─chapter7
```

このうち、ファイルはすべて「chapter7」ディレクトリのものを使用します。

本章に掲載されているJSONファイルは、こちらのリポジトリに入っているのでそちらを参照してください。

7.2 Vision APIを使ってみる

7.2.1 Vision APIとは

正式名称は「Google Cloud Vision API」と言います。GCP公式サイトは下記のURLとなります。

https://cloud.google.com/vision/

Vision APIの最大の特徴は、Googleにより構築済みの機械学習モデルを使用して高速に画像の認識が行えるという点です。Vision APIを利用する開発者は、機械学習に関する勉強や、学習モデルの構築作業や学習処理に労力をかける必要なく、画像認識処理を実現できるのです。

また、Vision APIはローカルPCにある画像だけでなく、GCS上の画像[注1]も対象とすることができるため、とても便利です。

料金

Vision APIの料金は、処理機能ごとに、処理数に対して段階的に請求される仕組みになっています。ラベル検出処理に関して例を挙げると、1ヶ月当たり1,000ユニットまでは無料、1,001〜5,000,000は1,000ユニットで1.50ドル請求、5,000,001〜20,000,000ユニットでは1,000ユニット当たり1.00ドルの請求となっています。利用した機能ごとに課金額が異なりますので、詳しくはGCP公式サイトの料金ガイドをご確認ください。

制限

Vision APIでは、処理対象の画像（コンテンツ）に対して以下のような制限があります。

- 1画像当たり4MBまで
- 1リクエスト8MBまで
- 1リクエスト16画像まで

注1 GCS上の画像を指定する場合は、Vision APIを利用するユーザーにGCSのアクセス権限が必要です。本節ではGCS上の画像を使用しますので、事前準備をよく読んでください。

また、APIリクエストに対して以下のような制限があります。

- 1秒当たりのリクエスト10件まで
- 1日の機能当たりの画像数700,000点まで
- 1ヶ月の機能当たりの画像数20,000,000点まで

なお、「1ヶ月の機能当たりの画像数」については、Googleに問い合わせることで制限を解除することが可能です。

7.2.2 APIs ExplorerからVision APIを使う

事前準備
今回、APIs ExplorerからVision APIを使用するにあたっての事前準備です。

① Googleアカウントの準備
② GCPプロジェクトの作成とGCS
③ ②で準備したGoogleアカウントに権限があるGCSのバケット「プロジェクト名_img_list」を作成
④ ③で作成したバケットに、ブラウザから図7.2-1「cropped_panda.jpg」の画像をアップロード

図7.2-1　cropped_panda.jpg

Vision APIをAPI Explorerで検索
APIの検索は、APIs Explorerのトップ画面から行います。

① 検索窓にキーワードとして「vision」と入力します。
② 検索ボタンをクリックします。

③ 検索結果に表示される「Services」の「Google Cloud Vision API」をクリックします。

図7.2-2　APIs Explorer「API検索結果」

▌使用するメソッドを選択

　検索結果からAPIを選択すると、次はAPIのどのメソッドを使用するかを決めるため、APIのメソッド一覧が表示されます。

　ここで試すVision APIで選択できるメソッドは「vision.images.annotate」のみのため、「vision.images.annotate」をクリックします。

図7.2-3　Vision APIのメソッド一覧

▌APIの入力フォームを表示

　APIのメソッドを選択すると、図7.2-4のようなAPIのリクエストを送る入力フォーム画面が表示されます。

　Vision APIの「vision.images.annotate」メソッドの場合は、「fields」と「Request body」の2項目だけですが、APIによってはこれ以外の項目もあります。

図7.2-4　Vision APIの入力フォーム

280

ユーザー認証

APIs ExplorerからVision APIを使用するには、Googleアカウントが必要です。事前にGoogleアカウントを取得してください。

① Vision APIの入力フォーム画面の右端に表示されている項目名「Authorize requests using OAuth 2.0」の「OFF」と表示されているボタンをクリックします。

図7.2-5　Authorize requests using OAuth 2.0

② 図7.2-6のようなOAuth 2.0の認証範囲の選択ダイアログが表示されます。「https://www.googleapis.com/auth/cloud-platform」にチェックが付いている初期表示状態のままで、「Authorize」ボタンをクリックしてください。

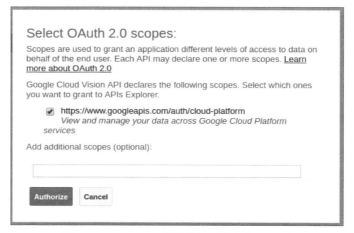

図7.2-6　OAuth 2.0認証範囲の設定ダイアログ

③ ②で「Authorize」ボタンをクリックすると、Googleアカウントでログインしていない場合は、図7.2-7のようにGoogleアカウントのログイン画面が表示されますので、ログインしてください。すでにログインしている場合は、④に進んでください。

281

図7.2-7　Googleアカウントログイン

④ Vision APIの入力フォーム画面の右端に表示されている項目名「Authorize requests using OAuth 2.0」が、先ほどまでは「OFF」でしたが、認証に成功すると「ON」に変わります。

図7.2-8　認証成功

APIを使用する

Googleアカウントの認証まで終わりましたので、いよいよVision APIを使ってみます。

①リクエストのパラメータを入力

「Request body」の項目に、JSON形式でリクエストパラメータを入力します。今回は、GCSバケット「プロジェクト名_img_list」にある「cropped_panda.jpg」という画像ファイルにラベル分類で処理します。

リクエストは、最上位が「requests」プロパティで、その配下に「image」プロパティと「features」プロパティを指定する必要があります。これらのプロパティについては、APIs Explorerの補完機能で入力することができます。

「image」は画像ファイル（または画像データをBASE64エンコードしたもの）を指定します。GCSバケットにある画像ファイルを指定する際は、image.source.gcsImageUriというプロパティを記述し、gs://〜で始まるGCSバケットのオブジェクトパスを指定します。

「features」は、画像ファイルに対してどのような処理を行うか、機能の種類を指定します。features.typeにラベル処理を示す「LABEL_DETECTION」と記述します。

featues.maxResultsに処理結果の取得数の最大値を設定します。今回は1を指定します。

以上のリクエストをJSON形式で記述する場合、Request bodyの内容は、「7_2_vision_api_request.json」を参照してください。

②Responseを確認

Request bodyを入力した後、「Execute」ボタンを押下するとAPIにリクエストが送信されます。おおむね1〜2秒程度で取得完了し、以下のような結果が表示されます。

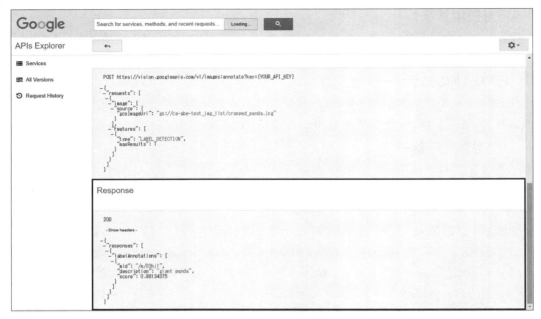

図7.2-9　Responseの確認

　APIリクエストの結果は「Response」の部分に表示されます。内容は「7_2_vision_api_response.json」を参照してください。

　レスポンスのJSONは、最上位は「responses」プロパティになり、その配下は機能ごとのプロパティが列挙されます。今回はラベル処理のリクエストを送信したので、「responses」プロパティには「labelAnnotations」プロパティが含まれています。

　「labelAnnotations」プロパティは、表7.2-1の3つのプロパティで構成されます。実際のアプリケーションで使用する際は、以下のプロパティのうち、「description」を使用するとよいでしょう。

表7.2-1　labelAnnotationsのプロパティ

種類	説明
mid	エンティティID。「Google Knowledge Graph Search API」と連携させる際に使用するが、本書では詳細を割愛。
description	ラベル名を示す文字列。
score	ラベル認識のスコア。0 < score < 1の間の小数となる。

7.2.3 ラベル処理以外の機能

Vision APIは、ラベル検出以外の機能も持っています。APIリクエストの「features.type」プロパティに機能に対応する文字列を設定することで、表7.2-2の機能を利用できます。

表7.2-2 ラベル処理以外の機能

機能	features.type	処理内容
ラベル検出	LABEL_DETECTION	ラベル検出処理を実施。
テキスト検出	TEXT_DETECTION	画像の中の文字列を検出するOCR処理を行う。画像の中に検出対象が点在するパターンで使用（例：風景の中にある看板の表記）。
セーフサーチ（不適切なコンテンツ）検出	SAFE_SEARCH_DETECTION	画像に不適切な情報があるかを検出（Google検索のセーフサーチの処理と同様）。
顔検出	FACE_DETECTION	画像に含まれる人間の顔部分のエリア座標情報を検出。
ランドマーク検出	LANDMARK_DETECTION	画像に含まれるランドマークや建造物のエリア座標情報を検出。
ロゴ検出	LOGO_DETECTION	画像に含まれる一般的な商品のロゴのエリア座標情報を検出。
画像プロパティ	IMAGE_PROPERTIES	画像を構成する主要なカラー（ドミナントカラー）を検出。
切り抜きのヒント	CROP_HINTS	画像に含まれる主要な物体や顔のエリア座標情報を検出。
ウェブ検出	WEB_DETECTION	画像と類似したWebページの参照を検出。
ドキュメントテキスト検出	DOCUMENT_TEXT_DETECTION	画像の中の文字列を検出するOCR処理を行う。テキスト検出との違いは、画像の主要素がテキスト情報である場合に使用（例：書籍のスキャンデータ）。

7.2.4 Vision APIまとめ

　Vision APIを使用することで、画像に含まれる情報をほかのAPIやデータ分析などに利用できるテキストデータとして抽出することが容易に可能になります。画像に対する様々な機能が実現されており、簡単にGoogleの機械学習パワーを活用できますので、ぜひ試してみましょう。

> **☑ ここがポイント**
>
> ラベルは基本英語
> 2018年2月時点ではVision APIを始め、各GCPのAPIで取得できるテキストは英語(en)です。しかし、後述するTranslate APIと組み合わせることで、ラベルやランドマークの情報を日本語化することも可能です。以下のような処理になります。
>
> ① 画像をVision APIのラベル検出でラベル付与
> ② 付与されたラベル文字列をTranslate APIで翻訳
>
> このように、Googleで提供されるAPIを組み合わせることで、アプリケーションで実現したい結果を得ることが可能になります。

7.3 Translate APIを使ってみる

7.3.1 Translate APIとは

正式名称は「Google Cloud Translation API」と言います。GCP公式サイトは下記のURLとなります。

```
https://cloud.google.com/translate/
```

任意の文字列を指定された言語に翻訳するAPIです。テキスト文字列をソース言語(翻訳前の言語)からターゲット言語(翻訳後の言語)に高速に翻訳できます。また、ソース言語が不明な場合は、言語を自動的に特定して翻訳することもできます。

Translate APIは104の言語[注2]に対応しており、クライアントライブラリも用意されています。また、ソース言語にHTMLタグが含まれているドキュメントであっても、HTMLタグを取り除いてテキストのみ翻訳することができます。

APIへの1回のリクエストで、1つのソース言語から1つのターゲット言語への翻訳が可能です。しかし、1回のリクエストでターゲット言語を複数選択して一括で翻訳結果を取得することはできません。複数言語の翻訳結果を取得したい場合は、ターゲット言語ごとにリクエストを送信する必要があります。

▌料金

Translate APIは無料で利用できる時期がありましたが、2011年5月26日に無料サービスとしてのTranslate API v1は終了し、現在は有償サービスのTranslate API v2が提供されています。Translate APIは次の2つの処理によって課金されます。

①翻訳処理

翻訳処理は100万文字ごとに20ドルかかりますが、従量課金制であり、処理した文字数に比例して料金が変わります。例えば50万文字分を翻訳した場合は、100万文字の50%となるので、10ドルかかります。

入力する文字列の文字数に対して課金され、出力する文字列の文字数に対しては課金され

注2 2018年2月時点

ません。例えば、日本語の「こんにちは」は5文字として課金されますが、出力結果が中国語で「你好」の2文字であろうが、英語で「hello」の5文字であろうが課金対象になりません。

　Translate APIはデータ量ではなく文字単位で課金しますので、文字がたとえマルチバイトで表されるものであっても1文字として課金されます。よって「こんにちは」というソーステキスト（翻訳する前のテキスト）は、5文字として課金されます。漢字などの表意文字も同様です。

②言語の自動特定処理

　ソース言語が指定されていない場合、言語を自動的に特定する処理が翻訳の前に行われます。言語を特定する処理は、翻訳処理と同様に入力する文字数に対して課金され、処理した文字数に比例して料金が変わります。

　翻訳処理と同じ費用（100万文字ごとに20ドル）がかかり、例えば50万文字分を翻訳した場合は、100万文字の50％となるので、特定処理だけでも10ドルかかります。よって、50万文字分をソース言語未設定で翻訳すると、20ドルかかる計算となります。ソース言語が明らかな場合は、ソース言語を指定するようにしましょう。

制限

ソース言語で表されたテキストの文字数に対して、制限が設けられています。

- 1日当たり200万文字(プロジェクト)
- 100秒当たり10万文字(プロジェクト、またはユーザー)
- 100秒当たり1,000リクエスト取得(プロジェクト)

　運用上、制限に問題がある場合は、「1日当たりの文字数」については、Google Cloud Consoleの「IAMと管理」の「割り当て」から、1日当たり5,000万文字まで制限を緩和することができます。

　その他の制限を緩和する場合は、Google Cloud Translation API割り当ての追加リクエストフォーム（https://support.google.com/cloud/contact/translate_api_quota_request_form）よりGoogleにリクエストしてください。

翻訳結果の帰属表示

　翻訳したテキストをそのまま実際のビジネスで利用するとき、原則として「Googleへの帰属表示は必須」となっています。そのため、Translate APIを利用して実装したアプリケーショ

ン上で、翻訳結果をユーザーに提供する場合は、必ずGoogle翻訳サービスを利用した旨を翻訳したテキストの隣に表示する必要があります。

詳細は、帰属表示の要件（https://cloud.google.com/translate/v2/attribution）をご一読ください。

7.3.2 APIリクエストパラメータ

APIのリクエストパラメータは、表7.3-1のとおりです。

表7.3-1 APIのリクエストパラメータ

パラメータ	内容	説明
q	ソーステキスト	（必須） 翻訳対象となるテキスト文字列を指定。複数の文を指定する場合はリストとして記述。
target	ターゲット言語	（必須） ターゲット言語の言語コードを指定する。 指定可能な言語コードは「言語のサポート」を参照。
format	フォーマット	（オプション） 入力するフォーマットが指定可能。省略時はhtmlが指定。 　html：HTML形式 　text：プレーンテキスト
source	ソース言語	（オプション） ソース言語の言語コードを指定。指定しない場合は自動的に推測して翻訳する。 指定可能な言語コードは「言語のサポート」を参照。
model	機械翻訳モデル	（オプション） 翻訳処理を行う機械学習モデルを指定。省略時はnmtが指定される[注3]。 　base：フレーズベース機械翻訳モデル 　nmt：ニューラル機械翻訳モデル
key	取得したAPIキー	（オプション） OAuth認証を使用しない場合はAPIキーを指定。なお、GoogleではOAuth認証を推奨。

注3　言語のサポートの「ニューラル機械翻訳モデルの言語サポート」で、NMTが使用可能な言語の組合せが公開されています。この一覧にない翻訳処理は、modelにNMTを指定してもPBMTで翻訳処理されます。

Translate APIで使用できる言語、およびtargetパラメータやsourceパラメータで記述する言語コードについては、次の公式ドキュメント「言語のサポート」を参考にしてください。

https://cloud.google.com/translate/docs/languages

7.3.3 APIs ExplorerからTranslate APIを使う

実際にAPIs ExplorerからTranslate APIを使ってみます。まずは、日本語のテキストを英語のテキストに翻訳します。

▌事前準備

翻訳するテキストを用意します。何でもよいですが、ここでは著作権が切れた文書を公開する青空文庫の「吾輩は猫である」から引用します。

- 吾輩は猫である。名前はまだ無い。
- どこで生れたかとんと見当がつかぬ。

▌APIs ExplorerでTranslate APIを開く

APIs Explorerのトップ画面を開き、検索欄に「Translate」と入力し、検索ボタンを押下します。Servicesに「Google Cloud Translation API v2」が表示され、メソッドの一覧が表示されます。今回はテキストの翻訳処理のため、「language.translations.translate」のリンクをクリックします。

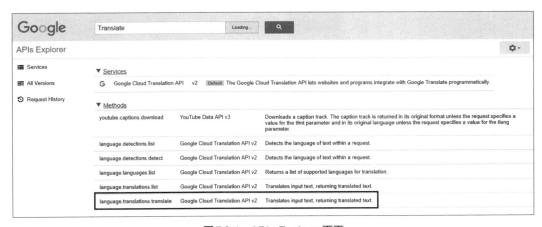

図7.3-1　APIs Explorer画面

290

APIを使用する
①リクエストのパラメータを入力
　APIのリクエストを入力するページが表示されます。最初に、OAuth認証が必要ですので、右上の「OFF」ボタンをクリックして認証を行い、「ON」の状態にしてください（Vision APIの説明と同じため、詳細な手順は割愛します）。

　次に、APIリクエストをJSON形式で記述します。Vision APIと異なり、上位のプロパティはなく、必要なプロパティを記述していきます。

　まずは「q」プロパティをします。「q」プロパティには、翻訳したいテキストを指定し、文をリストで記述しますので、「["吾輩は猫である。名前はまだ無い。","どこで生れたかとんと見当がつかぬ。"]」と記述します。

　次に、「target」プロパティにターゲット言語を指定します。英語に翻訳したいため、「en」と記述します。

　また、「source」プロパティにソース言語を指定します。日本語なので、「ja」と記述します。その他のオプションプロパティは、今回は省略します。

　以上の内容をJSON形式で記述する場合、Request bodyの内容は「7_3_translate_api_request.json」を参照してください。

②Responseを確認
　Request bodyの入力が終わったら、「Execute」ボタンを押下してリクエストを確認しましょう。Responseの内容は「7_3_translate_api_response.json」を参照してください。

　translateメソッドのResponseは、最上位に「data」プロパティがあり、その配下に「translations」プロパティを持ちます。「translations」プロパティはリストになっており、リクエストの「q」プロパティと同数の「translatedText」プロパティが取得できます。

7.3.4　Translate APIまとめ

　Translate APIでは、自然言語の翻訳処理を実装できることが分かりました。ここ数年で、インターネットサービスの多言語化が進み、サービス提供エリアに最適化した言語を提供することは重要になっています。Translate APIは、サービスを多言語化するための方法の1つとして有用な機能になるでしょう。

Column ▶ 自動翻訳はどんどん進化する！

2016年に「Google翻訳が劇的によくなった」と言われたのは、まさにDeepLearningによる成果だと言われています。その精度向上は継続的に行われているため、すでに英語→フランス語のような類似性の高い言語では、一般の人間の精度を超えるレベルになってきているようです。日本語やその他言語においても徐々に向上すると思われます。2020年の東京オリンピックに向けて訪日客が増えていく状況に対しても、自動で翻訳するサービスが色々なところに登場してくるでしょう。その裏側ではこのTranslate APIが使われているケースも多数出てくるはずなので、皆さんも是非試してみてください。

7.4 Speech APIを使ってみる

7.4.1 Speech APIとは

　正式名称は「Google Cloud Speech API」と言います。GCP公式サイトは下記のURLとなります。

　　https://cloud.google.com/speech/

　Speech APIは、機械学習モデルを使用して音声データをテキストデータに変換するAPIです。110以上の言語[注4]に対応し、雑音の中でも人が話している言葉を正確に読み取り、文脈を理解し、テキストに不適切な内容があればフィルタリングすることも可能です。

　また、リアルタイムに処理するためのストリーミング入力にも対応しています。例えば、アプリケーションのマイクに向かって話したことをテキストファイルに起こしたり、アプリケーションに音声で命令を入力することなどに応用できます。サポートする言語の一覧は、次のURLで確認できます。

　　https://cloud.google.com/speech-to-text/docs/languages

料金

　Speech APIは、正常に処理された音声データの時間で課金されます。変換が失敗した場合は課金されません。具体的な料金は以下のとおりです。

- 0～60分までは無料で利用可能
- 60～100万分は、15秒当たり0.006ドル

　ただし、15秒単位で課金するため、リクエストごとの時間は切り上げて料金計算されます。1回のリクエストで15秒未満の音声データ（例えば7秒）を入力しても、15秒として計算されます。また、小数点以下も厳密に計算していますので、15.14秒のデータを入力すると、30秒として計算されます。

注4　2018年2月現在

制限

Speech APIはリアルタイム処理可能な音声データを扱うため、制限の項目が多数あります。まず、コンテンツ（入力する音声データ）の制限は以下のとおりです。

- 同期リクエスト、ストリーミングの場合：1リクエスト1分以下
- 非同期リクエストの場合：1リクエスト180分以下

語句のヒントを与える「SpeechContext」機能の制限は、以下のとおりです。

- 1リクエスト当たり500フレーズまで
- 1リクエスト当たり合計10,000文字まで
- 1フレーズ当たり100文字まで

最後に、リクエスト数に関する制限は以下のとおりです。

- 100秒当たり500リクエスト
- 1日当たり250,000リクエスト
- 1ヶ月当たり1,000,000リクエスト
- 100秒当たり10,800秒の音声データ
- 1日当たり480時間の音声データ

これらの制限はプロジェクト単位となります。また、1ヶ月当たりのリクエスト数などについては、Googleに問い合わせることで制限を緩和することが可能です。

もう1点、Speech APIはPC、スマートフォン、タブレットなどのアプリケーションソフトウェアで利用することを想定しており、組み込み機器（カーナビ、家電、IoTなど）で実装する場合はリクエストフォーム（https://services.google.com/fb/forms/speech-api-pricing-request/）から問い合わせる必要があります。

7.4.2 リクエストの種類

Speech APIへのリクエストは3種類あります。それぞれ、表7.4-1のような特徴があります。なお、APIs Explorerで動作確認できるのはREST API（同期リクエスト、非同期リクエスト）のみになります。

表7.4-1　APIへのリクエストの種類

種類	API	1リクエスト当たりのデータ量	説明
同期リクエスト	REST APIまたはgRPC	1分未満	1回のリクエストでデータ入力から処理結果の取得まで完了することができる。音声データは、GCS上のオブジェクトのURIを指定するか、またはBASE64エンコーディングされたデータを直接入力する。
非同期リクエスト	REST API	180分以下	以下の2リクエストで実装する。 ① 音声データ入力 ② 処理完了の待ち合わせ（処理状況確認） 音声データは、GCS上のオブジェクトのURIを指定するか、またはBASE64でエンコーディングされたデータを直接入力する。ただし、1分以上のデータをAPIのJSONに記述すると、リクエスト自体のサイズが肥大化し処理の失敗につながるため、GCS上のファイルを処理する方が好ましい。
ストリーミングリクエスト	gRPC	1分未満	アプリケーション用のクライアントライブラリを利用し、音声データのリクエストを随時送信して処理結果を取得する。APIs Explorerからは利用できないため、本書では説明を割愛する。

7.4.3　APIリファレンス

　同期リクエストの場合は「speech.speech.recognize」、非同期リクエストの場合は「speech.speech.longrunningrecognize」というメソッドを使用します。しかし、APIのリクエストパラメータはどちらのメソッドも共通で、表7.4-2のとおりです。

表7.4-2　メソッドの共通

プロパティ	概要	説明
audio	音声データの設定	（必須） 入力する音声データの設定を記述。後述するaudio.contentプロパティ、またはaudio.uriプロパティのいずれかを指定する必要がある。
audio.content	BASE64形式の音声データ	音声データをBASE64でエンコーディングし、文字列にした内容を記述。
audio.uri	音声データのGCSパス	音声データのファイルを格納したGCSのパス（gs://～で始まるURI）を指定。
config	認識処理の設定	（必須） 後述する認識処理の入力データ形式や言語を指定。
config.encoding	音声データの形式	（必須） 音声データのエンコード形式を記述。よく使用される形式は以下の2つ。 LINEAR16：Linear PCM 16bit形式。非圧縮wavファイルでよく使用される。 FLAC：フリーのLossless形式。 その他の形式は、公式ドキュメント「音声エンコードの概要」を参照。
config.sampleRateHertz	音声データのサンプリング周波数	（必須） 入力する音声データのサンプリング周波数を8,000～48,000の間の整数値で入力。
config.languageCode	認識処理の言語	（必須） 音声データをどの言語で認識するか、言語コードで指定。例として以下が指定可能。 英語（米国）：en-US 日本語：ja-JP その他の指定可能な言語コードは、公式ドキュメントの「言語のサポート」を参照。

（次ページへ続く）

表7.4-2 メソッドの共通（続き）

プロパティ	概要	説明
config. profanityFilter	有害な表現のフィルタ処理	（オプション）trueを指定すると有害な表現（下品な言葉など）にフィルタ処理を行う。最初の1文字目以外のテキストを＊（アスタリスク）でマスクする。未指定時は無効（false）。
config. speechContexts	ヒントとなる語句	（オプション）変換時に音声認識処理に与えるヒントの語句をリスト形式で記述。
config. enableWordTimeOffsets	タイムスタンプ付与	（オプション）trueを指定すると、音声認識した単語単位に、音声データの時刻データを付与する。未指定時は無効（false）。

GCP公式ドキュメントの「音声エンコードの概要」は、次のURLを参照してください。

　https://cloud.google.com/speech/docs/encoding

また、GCP公式ドキュメントの「言語のサポート」は、次のURLを参照してください。

　https://cloud.google.com/speech/docs/languages

7.4.4　APIs ExplorerからSpeech APIを使う

Speech APIに同期リクエストを出してみましょう。

事前準備

まずは音声データを用意します。Windowsのサウンドレコーダー（ボイスレコーダー）や、MacOSのQuickTimeなどで録音できますが、とにかく早くAPIを試したいという方は、「雛乃木まやさん」の公式サイト（http://hinanogimaya.com）からクレジット・フリーのボイスサンプルをダウンロードするのがよいでしょう。

本書では、以下のサンプルを使用して説明します。

① 次のURLから、wavファイルをダウンロードします。

　http://hinanogimaya.com/wp-content/uploads/2015/12/voice-iyashi-omamori-kotoba.wav

② wavファイルをシングルチャンネルの形式に修正します。Translate APIはシングルチャンネル（1ch）の音声データである必要があります。①で用意したデータはマルチチャンネル（2ch）ですので、シングルチャンネルに編集する必要があります。音声編集ソフトとしては、「Audacity」などを使用するとよいでしょう。
http://www.audacityteam.org/

③ GCSバケットを作成し、wavファイルをアップロードします。本書では、GCSバケット名を「プロジェクト名_api_data」として作成し、②で編集した「voice-iyashi-omamori-kotoba.wav」をGCSバケットにアップロードします。次のURLでオブジェクトにアクセスできるようにしてください。
gs://プロジェクト名_api_data/voice-iyashi-omamori-kotoba.wav

APIs ExplorerでSpeech APIを開く

APIs Explorerのトップ画面を開き、検索欄に「Speech」と入力し検索ボタンを押下します。Servicesの「Google Cloud Speech API v1」が表示されますので、リンクをクリックします。

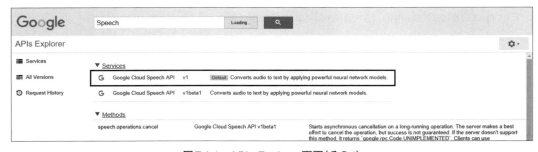

図7.4-1　APIs Explorer画面（その1）

「Google Cloud Speech API v1」のメソッド一覧が表示されます。今回は同期リクエストの動作を確認するため、「speech.speech.recognize」のリンクをクリックします。

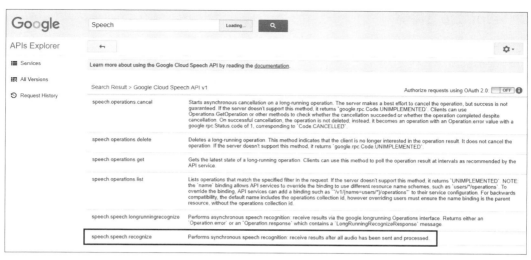

図7.4-2　APIs Explorer画面(その2)

APIリクエスト
①リクエストのパラメータを入力

　APIのリクエストを入力するページが表示されます。最初に、OAuth認証が必要ですので、右上の「OFF」ボタンをクリックして認証を行い、「ON」の状態にしてください（Vision APIの説明と同じため、詳細な手順は割愛します）。

　APIリクエストをJSON形式で記述します。まずは「audio.url」プロパティを記述します。「audio.url」プロパティにはGCSオブジェクトのURLを記述します。事前準備で用意した音声データのパスを記述してください。

　次に、「config」プロパティに必須パラメータを記述していきます。「config.encoding」プロパティには音声データのエンコード形式を指定します。本書で扱うwavファイルは非圧縮形式ですので「LINEAR16」と記述します。「config.languageCode」プロパティには認識させる言語として「ja-JP」を記述します。「config.sampleRateHertz」プロパティには「44100」を記述します。

　ほかのアプリケーションなどで録音したデータを使用する場合は、「config」プロパティを音声データの形式や内容に応じて記述してください。

　以上の内容をJSON形式で記述する場合、Request bodyの内容は「7_4_speech_api_request.json」を参照してください。

②Responseを確認

Request bodyを記述し終えたら「Execute」ボタンを押下します。解析が完了すると、Responseが返却されます。

Responseの内容は、最上位に「results」プロパティがあり、「alternatives」プロパティのリストになっています。各alternatives要素には、「transcript」プロパティと「confidence」プロパティが含まれており、音声認識の結果は「transcript」プロパティから取得することができます。「confidence」プロパティは認識結果の確からしさを示す数値であり、0.0〜1.0の間の小数値になります。本書で得られた結果の「confidence」プロパティはいずれも0.98以上であり、ほぼ正しいことが数値上でも確認できます。

7.4.5 Speech APIまとめ

Speech APIを利用し、音声からテキストデータを抽出することを確認しました。今回はAPIs Explorerによる実装例のためREST APIを紹介していますが、gRPC APIを利用するとリアルタイム処理も実装可能です。例えば、打合せの会話をマイクで録音しリアルタイムに議事録を作成したり、映画の字幕をリアルタイムに生成する、といったことが考えられます。

また、音声をテキスト化し、構造化したデータとして利用することが可能になると、BigQueryで分析するデータに転用したり、ML Engineの機械学習用データに転用したりといった利用ケースも増えると思います。

Column ▶ 加速するSpeech API

Speech APIにより、今後は映画の字幕なども自動化されていくかもしれません。さすがに芸術的な意訳はまだ難しいですが、ニュースやスポーツ番組などの音声認識から翻訳を自動的に行い、テキスト表示させるという技術はもうすぐそこに来ています。YouTubeなどでもおそらく、自動的に字幕が付くような動きがあるように見えます。

また、音声対応履歴のテキスト化からのビッグデータ分析、というような流れはコールセンターにおいて加速しています。

7.5 Video Intelligence API を使ってみる

7.5.1 Video Intelligence APIとは

　正式名称は「Google Cloud Video Intelligence API」と言います。GCP公式サイトは下記のURLとなります。

　　https://cloud.google.com/video-intelligence/

　Video Ingelligence APIは学習済みの機械学習モデルを用いて、動画内のメタデータ（映っているモノ）の分析・抽出を行うAPIです。Video Intelligence APIでは、以下の3機能が提供されています。

- ラベル検出
- ショット検出
- セーフサーチ検出

　それぞれの機能について簡単に説明します。ラベル検出では、「犬」、「花」、「車」など動画に映っているメタデータを検出します。ショット検出では、動画内のシーンが切り替わった時間を検出します。セーフサーチ検出では、動画内にアダルトコンテンツが映っているかを検出します。

　Video Intelligence APIでは、解析対象の動画をGCS上に置く必要があります。

料金

　Video Intelligence APIの料金は、機能ごとに分単位で請求される仕組みになっています。それぞれ月ごとに1,000分までは無料、1,001分〜100,000分でラベル解析が0.10ドル/分、ショット検出が0.05ドル/分（ラベル検出と併用している場合は無料）、セーフサーチ検出が0.10ドル/分の請求となります。

制限

　Video Intelligence APIでは、処理対象の動画（コンテンツ）に対して以下のような制限が

あります。

- 1動画10GBまで
- 1リクエスト1動画まで

また、APIリクエストに対して以下のような制限があります。

- 1秒当たり1リクエストまで
- 処理速度は1秒当たり動画3秒まで

なお、「APIリクエストに対しての制限」については、Googleに問い合わせることで制限を解除することが可能です。

7.5.2 API リファレンス

Video Intelligence APIでは「videos.annotate」メソッドを使って動画解析の非同期リクエストを送り、レスポンスとして得られる「name」プロパティを「operations.list」メソッド、「operations.get」メソッド、「operations.delete」メソッド、「operations.cancel」メソッドに渡すことで、非同期実行中の動画解析処理を操作することができます。

各メソッドの概要は、表7.5-1のとおりです。

表7.5-1　各メソッドの概要

メソッド	概要
videointelligence.videos.annotate	非同期の動画解析を実行。
videointelligence.operations.list	非同期実行したリクエストの一覧を取得。
videointelligence.operations.get	非同期実行したリクエストの進行状況や解析結果を取得。
videointelligence.operations.cancel	非同期実行したリクエストに対して、非同期キャンセルの処理を行う。この操作では確実なキャンセルは保証されていない。operations.getメソッドを使うと、キャンセルの成功／失敗を確認することが可能。
videointelligence.operations.delete	非同期実行したリクエストを削除。

7.5.3 APIs ExplorerからVideo Intelligence APIを使う

実際にAPIs ExplorerからVideo Intelligence APIを使ってみましょう。

事前準備

APIs ExplorerからVideo Intelligence APIを使用するにあたっての事前準備です。

① Googleアカウントの準備
② GCPプロジェクトの作成とGCS
③ ②で準備したGoogleアカウントに権限があるGCSのバケット「プロジェクト名_video_list」を作成
④ ③で作成したバケットにブラウザから動画をアップロード

今回は、オープンソースの3DGCアニメーション「Big Buck Bunny[注5]」を使います。

動画解析を実行する

ブラウザで次のURLにアクセスし、APIs Explorerの画面を開きます。

https://developers.google.com/apis-explorer/#search/video/videointelligence/v1/

注5 Big Buck Bunny
Copyright © 2008 Blender Foundation | peach.blender.org
Some Rights Reserved. Creative Commons Attribution 3.0 license.
http://www.bigbuckbunny.org/

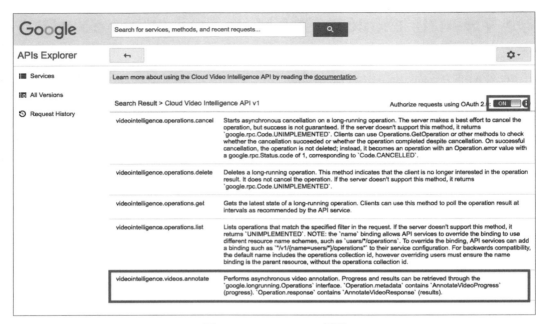

図7.5-1　APIs Explorer画面

　最初に、OAuth認証が必要ですので、右上の「OFF」ボタンをクリックして認証を行い、「ON」の状態にします（Vision APIの説明と同じため、詳細な手順は割愛します）。

　認証後に「videointelligence.videos.annotate」をクリックします。

　次にRequest bodyを入力します。入力内容は「7_5_video_intelligence_api_request.json」を参照してください。

　それぞれのプロパティの説明は、表7.5-2のとおりです。

表7.5-2　各プロパティの内容

プロパティ	説明
inputUrl	解析対象の動画がアップロードされているGCPのパス。
features	解析に使う機能。 　　LABEL_DETECTION：ラベル検出 　　SHOT_CHANGE_DETECTION：ショット検出 　　EXPLICIT_CONTENT_DETECTION：セーフサーチ検出

　Request bodyを入力したら、画面中央の「Execute」ボタンを押下して解析開始APIを実

行します。入力に間違いがなければ、画面に「7_5_video_intelligence_api_response_1.json」のようなResponseが表示されます。Responseで得られたnameプロパティは、解析結果の取得に使うので忘れないようにしましょう。

解析結果を取得する

APIs ExplorerのVideo Intelligence APIのページに戻り、「videointelligence.operations.get」をクリックします。

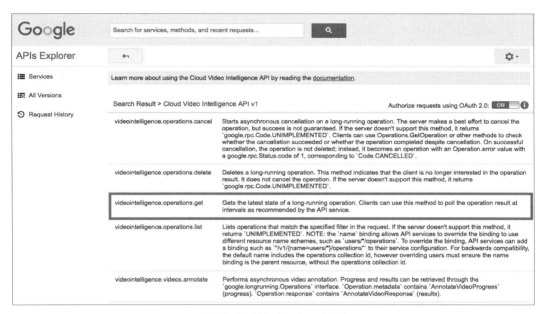

図7.5-2　APIs Explorer画面

次にnameというテキストボックスがあるので、先ほど取得したnameプロパティを入力し、「Execute」ボタンを押下して進行状況確認＆結果取得APIを実行します。実行すると、画面に「7_5_video_intelligence_api_response_2.json」のResponseが表示されます。

metadata.annotationProgress内が今回使用した機能の進行状況となり、「"progressPercent":100」と表示されていれば完了となります。今回の例ではmetadataannotationProgress内のすべてにprogressPercent:100と表示されれば、処理が完了したこととなります。

解析結果については、response.annotationResultsの中にそれぞれ「segmentLabelAnnotations」、「shotLabelAnnotations」、「shotAnnotations」、「explicitAnnotation」として出力されています。それぞれの説明は、表7.5-3のとおりです。

表7.5-3　分析結果

結果	説明
segmentLabel Annotations	検出したエンティティを区分ごとにラベル付けを実施。 entity（実体）、categoryEntities（実体の区分）、segments（検出された区切りの時間）など、その確度が検出される。例えば、entityとして「tree（木）」が検出された場合のcategoryEntitiesには、「plant（植物）」が検出される。segmentsは、検出された範囲の開始時間と終了時間の値を持つ。
shotLabel Annotations	segmentLabelAnnotationsと同じようにentityやcategoryEntities、segmentsとその確度を検出。 segmentLabelAnnotationsとの違いは、segmentsが映像の切り替わりごとに細かく検出され、それぞれに確度を持つ。
shot Annotations	shotAnnotationsは映像の切り替わりを検出。 切り替わりの開始時間と終了時間をそれぞれ値として持つ。
explicit Annotation	explicitAnnotationはアダルトコンテンツなどの未成年に不適切とされる情報を細かい時間でチェック。 アダルトコンテンツである可能性が高い順に「VERY_LIKELY」、「LIKELY」、「POSSIBLE」、「UNLIKELY」、「VERY_UNLIKELY」と評価する。

7.5.4 Video Intelligence APIまとめ

　Video Intelligence APIを使用することで、動画に含まれるメタデータのラベル検出や動画のシーンチェンジ時間の検出、アダルトコンテンツ検出などの情報を取得することができます。今までは動画編集に人間が目視でメタ情報の抽出やシーンチェンジのタイミングのチェックを行っていましたが、これからは動画をVideo Intelligence APIに投げるだけで、メタ抽出・シーンチェンジ時間が取得できてしまいます。

　精度面では、Video Intelligence APIはGoogleが持つ膨大なデータを用いて日々学習を行っているため、認識精度はどんどん上がっていくことでしょう。

　また、今後の機能追加にも期待できます。もしかしたらSpeech APIのようなストリーミング解析機能・音声認識機能、Vision APIのようなWeb検索機能やロゴ検出機能が追加されるかもしれません。そうなれば、動画内で話している人の音声文字起こしや、テレビでよく見かける「ペットボトルのラベルへのモザイク処理」なども、すべてVideo Intelligence APIが解決してくれるかもしれません。

第8章

AWSユーザーへ

　本章はAmazon Web Services（AWS）を使ったことがあるユーザーに、AWSとGCPの違いを解説します。内容はAWSとGCPの世界観にフォーカスし、技術的な解説はAWSのEC2／S3からGCPへの移行について記載しています。これにより、AWSユーザーはGCPをすぐ始めても抵抗が小さいように工夫しています。

8.1 AWS／GCPのサービス対応と比較

　最初に、AWSとGCPの各サービスはどのくらいあるのかを見てみます。AWSはパブリッククラウドとして約10年の歴史があり、90以上のサービスがあります。すべてのサービスをGCPとマッピングするのは困難なので、GCPの各サービスはAWSのどのサービスと一致（近似）しているのかを確認します。それによって、AWSユーザーがGCPの各サービスを扱いやすくなります。

8.1.1 AWS／GCPのサービス対応表

　対応表は各サービスの優劣を決めたり、議論するためのものではありません。エコシステム（共存共栄）の観点で使いたい方、または両方（GCP&AWS）を使うことで、様々な知見が得られるのではないかと期待しています。

　なお、パブリッククラウドの進化は早いので、下記のAWS／GCP公式サイトを適宜チェックすることを推奨します。

　対応表を作成するにあたり、サービスの記載順序やサービスの掲載有無の基本方針は以下としています。本表に記載されていないサービスもあることにご留意ください。

- 記載順序はGCP公式サイト[注1]のサービス一覧に従う
- GCPのサービス名はGCP公式サイトの名称で記載
- AWSのサービス名はAWS公式サイト[注2]の名称で記載
- βバージョン（GAになっていないバージョン）のサービスも記載
- API、デベロッパーツールなどの細部の比較は、本表の可読性を低くするため割愛

コンピューティング

　世界中で多く利用されているサービスであるGCPのPaaS（GAE）、AWSのIaaS（EC2）から、今後、利用が高まると期待されるコンテナ（Docker）サービスなどを記載しています。

注1　https://cloud.google.com/products/
注2　https://aws.amazon.com/jp/products/

8.1 AWS / GCP のサービス対応と比較

表8.1-1　GCP／AWS各サービス対応表（コンピューティング）

No	サービス	GCP	AWS	コメント
1	IaaS	Compute Engine (GCE)	Amazon EC2 (EC2) Amazon Lightsail AWS Fargate	仮想マシン（VMインスタンス）を提供。基本となるサービス。GCEが価格性能で優位。
2	PaaS	App Engine (GAE)	AWS Elastic Beanstalk	運用が容易でスケーラブルなアプリケーションプラットフォーム。GAEは10年の運用実績があり、非常にこなれたサービスで安心のプラットフォームである。
3	Container	Kubernetes Engine (GKE)	Amazon Elastic Container Service (ECS) Amazon Elastic Container Service for Kubernetes (EKS) AWS Fargate	Dockerコンテナを稼働させるためのオーケストレーションツール（Kubernetes）のフルマネージドサービス。開発元でもあるGoogleのGKEは、機能の最新性や性能で優位。
4	Function	Cloud Functions	AWS Lambda	関数の作成。サーバーレスアーキテクチャ構築時に幅広く活用。

ストレージ

AWSのオブジェクトストレージであるAmazon S3は非常に歴史があり、GCPはオブジェクトストレージのタイプを複数提供しています。また、データの移行サービスは、両社共に注力しています。

表8.1-2　GCP／AWS各サービス対応表（ストレージ）

No	サービス	GCP	AWS	コメント
5	Object Storage	Cloud Storage (GCS)	Amazon S3 (S3)	データの集積場所であり、データ分析の起点となるオブジェクトストレージ。可用性と耐久性が非常に高く、大きな相違はない。
6	Cold Storage	Cloud Nearline	Amazon Glacier	月に1回程度アクセスする安価なアーカイブストレージ。GCPは1秒でレスポンス、AWSは数時間。

（次ページへ続く）

表8.1-2 GCP／AWS各サービス対応表（ストレージ）（続き）

No	サービス	GCP	AWS	コメント
7	Cold Storage	Cloud Coldline	Amazon Glacier	年に1回程度アクセスする非常に安価なアーカイブストレージ。GCPは1秒でレスポンス、AWSは数時間。
8	Memory Cache	Cloud Memorystore	Amazon ElastiCache	RedisのフルマネージドサービスElastiCacheはMemcache用もあるが、GCPはGAEに標準で提供している。
9	File System	Cloud Storage FUSE Cloud Filestore	Amazon Elastic File System	仮想マシンにマウントし、アクセスできるファイルシステム。
10	データ移行	Cloud Data Transfer	Amazon Snowball Amazon Snowball Edge AWS Snowmobile	オンプレミスサーバーをクラウドへマイグレーション（移行）するためのサービス。ほか、大容量のデータ転送、他クラウドからの転送に対応。
11	Hybrid Storage withオンプレミス	VPC Service Control	AWS Storage Gateway	オンプレミスサーバーにマウントしているディスクをクラウドから読み書きが可能。VPC Serviceontrolは、オンプレミスサーバーからパブリックなネットワークを介さない閉域接続が可能（Private Google AccessでGCSなどに接続可能）。

ネットワーキング

クラウドのネットワークに関するサービスを記載しています。両社共に同様のサービスはありますが、GCPのLoad Balancerの性能は世界一と言われるほど高機能で安価です。

表8.1-3　GCP／AWS各サービス対応表（ネットワーキング）

No	サービス	GCP	AWS	コメント
12	Load Balancer	Cloud Load Balancing	Elastic Load Balancing	負荷分散（レイヤー4、レイヤー7）を提供する、可用性が極めて高いロードバランサ。
13	専用線接続	Cloud Interconnect Partner Interconnect	AWS Direct Connect	自社環境とクラウドをセキュアに接続するネットワーク（レイヤー2）。
14	VPN接続	Virtual Private Cloud (VPC)	Amazon VPC	仮想ネットワーク（レイヤー3）。
15	DNS	Cloud DNS	Amazon Route 53	DNSのフルマネージドサービス。
16	CDN	Cloud CDN	Amazon CloudFront	CDN（コンテンツデリバリーネットワーク）のフルマネージドサービス。

データベース

世界中で多く利用されているRDBMS（MySQL）を含めたサービスから、Key-ValueタイプのDBであるNoSQLサービスを記載しています。

表8.1-4　GCP／AWS各サービス対応表（データベース）

No	サービス	GCP	AWS	コメント
17	RDBMS	Cloud SQL	Amazon RDS Amazon Aurora	MySQL、PostgresSQLのフルマネージドサービス。AWSは6つのDBから選択可能。
18	NoSQL	Cloud Bigtable Cloud Datastore	Amazon DynamoDB Amazon Neptune	低レンテンシ（通信遅延）で高スループットなDBを実現（KVS、ドキュメントDB、XML DBなど）。DatastoreはBigtable上で移動。
19	分散型RDBMS	Cloud Spanner	Aurora Serverless	ストロングコンシステンシーとスケーラビリティを兼備し、複雑なクエリにも対応できるマルチマスターのRDBMS。

ビッグデータ

大容量のデータを収集／保管／分析／可視化／再利用するサービスを記載しています。特にGCPのBigQueryは歴史があり、高性能かつ実績があるサービスです。

表8.1-5 GCP／AWS各サービス対応表（ビッグデータ）

No	サービス	GCP	AWS	コメント
20	データウェアハウス	BigQuery	Amazon RedShift Amazon Athena	大規模なデータ分析に対応。ペタバイト規模のデータ処理が可能。
21	バッチ処理／ストリーム	Cloud Dataflow	AWS Batch Amazon Kinesis Amazon SWF AWS Data Pipeline	Apache BEAMをベースとしたフルマネージドサービス。ワークフロー（データ駆動型を含む）のスケジュール実行。元々Google社開発のため、Dataflowは最新性で優位。
22	Spark／Hadoop	Cloud Dataproc	Elastic Map Reduce	Map Reduceをベースとしたフルマネージドサービス。
23	データ分析ツール	Cloud Datalab Google Colab	Amazon SageMaker	Jupyter Notebookをベースとしたデータ分析フルマネージドサービス。Google ColabはGPU（Tesla K80 GPU）も無料で利用可能。
24	ワークフロー管理ツール	Cloud Composer	-	Apache Airflowのフルマネージドサービス。ワークフローは非循環グラフ（DAG）で記述。Pythonの知識が必要。
25	ETL	Cloud Dataprep	AWS Glue	ETL（Extract／Transform／Load）を提供するフルマネージドサービス。DataprepはDataflow上で稼働。
26	非同期メッセージング	Cloud Pub/Sub	Simple Notification Service（SNS） Amazon Simple Queue Service（SQS）	リアルタイムで信頼性の高いメッセージングとデータのストリーミングサービス。

（次ページへ続く）

表8.1-5　GCP／AWS各サービス対応表（ビッグデータ）（続き）

No	サービス	GCP	AWS	コメント
27	遺伝子解析	Google Genomics	-	ペタバイトの遺伝子データを効率的に処理し、大きな問題を解析、データ共有が可能。
28	BIツール	Google Data Studio	Amazon QuickSight	データの可視化が可能なダッシュボードを提供。

IoT

IoT（Internet of Things）に関するサービスを記載しています。AWSはIoTサービスが充実しています。

表8.1-6　GCP／AWS各サービス対応表（IoT）

No	サービス	GCP	AWS	コメント
29	IoT	Cloud IoT Core	AWS IoT Core Amazon MQ AWS Greengrass AWS IoT Analytics Amazon FreeRTOS AWS IoT Device Defender	IoT／M2Mデバイスとクラウド間をセキュアに接続し、データ送信／分析、その他サービスとの連携が可能。

機械学習

AI（Artificial Intelligence）は世界中で注目を集めているため、AIのベースとなる機械学習系のサービスを記載しています。両社共に、AIに関するサービスは活発にリリースしています。

表8.1-7 GCP／AWS各サービス対応表（機械学習）

No	サービス	GCP	AWS	コメント
30	ML	Google Cloud Machine Learning	Amazon Machine Learning AWS 深層学習 AMI AWS Apache MXNet AWS TensorFlow	TensorFlowを用いた機械学習サービス。GPUなど利用した大規模なモデルの構築と学習処理が可能。
31	API／ツール	Machine Learning	-	求人サイトに機械学習を活用するプラグアンドプレイ API（限定公開α版）。
32		Google Cloud Natural Language API	Amazon Comprehend	自然言語分析サービス。構文解析や感情分析が可能。
33		Cloud Speech API	Amazon Comprehend Amazon Polly Amazon Transcribe	音声のテキスト変換サービス。高度なニューラルネットワークモデルを適用。
34		Cloud Translation API	Amazon Translate	テキスト翻訳サービス。テキストをソース言語からターゲット言語に動的翻訳。
35		Cloud Vision API	Amazon Rekognition AWS DeepLens Amazon Rekognition	画像分析サービスを提供。画像に含まれる情報の取得、不適切な画像の検出、文字認識（OCR）機能を提供。
36		Google Cloud Video Intelligence API	-	動画コンテンツ分析（メタデータの抽出）が可能。
37	チャットボット	Dialogflow	Amazon Lex	音声／テキストに対応するチャットボット。
38	ASICによるML	Cloud TPU	-	4台のASICで構成したクラウドTPU（Tensor Processing Units）マシンアクセラレーター。

8.1 AWS／GCPのサービス対応と比較

IDとセキュリティ

パブリッククラウドを扱うために非常に重要な要素である「ID管理とセキュリティ」に関するサービスを記載しています。GCPはG Suiteと連動して制御しているのが特徴の1つです。

表8.1-8　GCP／AWS各サービス対応表（IDとセキュリティ）

No	サービス	GCP	AWS	コメント
39	IAM	Cloud IAM	AWS IAM	アクセス制御（権限付与／削除）の管理。
40	WAF	Cloud Armor	AWS WAF	Webアプリケーションファイアウォール機能
41	DDoS保護	Cloud Load Balancing Cloud Armor	AWS Shield	DDoS攻撃を軽減する機能。
42	ID連携	G Suite[注3]	AWS Directory Service	Active DirectoryなどのID連携するサービス。GCPはアカウント管理をG Suiteと連携が可能。
43	シングルサインオン	G Suite	AWS Single Sign-On (SSO)	1つのアカウント／IDで複数のサービスにアクセスできるサービス。

管理ツール

運用監視（ロギング／モニタリング）に関するサービスや、今後、APIを提供するWebサービスが増えていくため、API開発サービスも記載しています。

表8.1-9　GCP／AWS各サービス対応表（管理ツール）

No	サービス	GCP	AWS	コメント
44	Monitoring／Logging	Stackdriver Monitoring	AWS CloudWatch	ロギング、モニタリング、アラート、パフォーマンス確認などの総合監視サービス。GCPからAWS（一部のサービス）の監視が可能。

（次ページへ続く）

注3　Gmail、Drive、HangoutなどのGoogleのグループウェアツール（SaaS）

315

表8.1-9 GCP／AWS各サービス対応表（管理ツール）（続き）

No	サービス	GCP	AWS	コメント
45	Deployment	Cloud Deployment Manager	AWS CloudFormation	事前に自分が定義した構成でアプリケーションをデプロイ。
46	API開発／管理	Google Cloud Endpoints	Amazon API Gateway	APIの構築／デプロイ／管理（Swagger UI対応）。

その他

パブリッククラウドの活用において便利なサービスを記載しています。ほかにもAPI／デベロッパーツールもありますが、本章のはじめに記載したとおり、主要なサービスのみを掲載しています。

表8.1-10 GCP／AWS各サービス対応表（その他）

No	サービス	GCP	AWS	コメント
47	マーケットプレイス	Google Cloud Launcher	AWS Marketplace	事前に登録されているOS／ソフトウェアをGCEにデプロイ。
48	SSL証明書	GoogleのSSL証明書（GCEは除く）	AWS Certificate Manager（ACM）	Let's Encryptで無料取得可能。2018年3月15日からワイルドカードに対応。
49	ドメイン	Google Domains[注4]	Amazon Route 53	ドメインの取得／更新サービス。
50	Webメール	G Suite（Gmail）	Amazon WorkMail	送受信可能なWebメール。
51	共用ドライブ	G Suite（Drive）	Amazon WorkDocs	柔軟なアクセス権限を備えた共用ドライブ。
52	ビデオ会議／チャット	G Suite（Hangout）	Amazon Chime	コミュニケーションツール。

（次ページへ続く）

注4 Googleが提供するドメイン提供サービス

表8.1-10 GCP／AWS各サービス対応表（その他）（続き）

No	サービス	GCP	AWS	コメント
53	リモートデスクトップ	Chromeリモートデスクトップ注5	Amazon WorkSpaces Amazon AppStream 2.0	サーバー（VMインスタンス）にリモート接続するためのツール。

サービス操作方法

GCP／AWSは各サービスを操作するために、表8.1-11の方法を用意しています。

表8.1-11 GCP／AWSサービス操作方法

Interface	GCP	AWS
GUI	https://console.cloud.google.com	https://console.aws.amazon.com
SDK	Cloud SDK (gcloud、gsutil bq)	https://aws.amazon.com/jp/tools/
CLI	Cloud Shell (Cloud SDK利用可能)	AWS CLI

> 参考：
> GCPやAWSの各サービスを用いたアーキテクチャ図（システム構成図）用のソリューションアイコンは、以下のURLからダウンロードが可能です。
> - GCPアイコン：https://cloud.google.com/icons/
> - AWSアイコン：https://aws.amazon.com/jp/architecture/icons/

8.1.2 両社のIaaSサービスの概要比較

多くのAWS／GCPのサービスのうち、最も利用が多いとされるIaaSサービス、IaaSの基盤となるネットワークの構造の相違を解説します。これによって、さらにGCPの特徴を理解できます。

注5 Chromeのアドオン

表8.1-12 IaaSサービス概要比較表　　　　　　　　　　　　　　　　　　　　　　（2018年9月時点）

項目	提供サービス／違い	GCP	AWS
仮想化技術	IaaS層を実現している仮想化技術	KVM	Xen
インスタンス	最大コア数	GCE：96コア	EC2：128コア
インスタンス	最大メモリ数	GCE：1,433.6GB	EC2：3,904GB
インスタンス	課金単位	1秒単位（最低1分）	1秒単位（最低1分）
インスタンス	1ヶ月当たりの費用（東京リージョン／オンデマンド料金／OS：Linux）	マシンタイプ n1-standard-1（1コア／3.75GB） $31.17	マシンタイプ t2.medium（2コア／4GB） $44.41
データセンター	データセンター構築の相違	Googleが自前で構築している。	各地域（リージョン）で借りている。
リージョン	世界に点在する地域	15地域（2019年に大阪リージョンも開設し、その他3リージョンを加えると合計19地域）	18地域（2018年より大阪リージョンを提供。大阪リージョン単独利用は不可）
ゾーン	リージョン内のアベイラビリティゾーン	44（開設予定の4リージョンには3つのゾーンが追加され、合計56ゾーン）	52
ネットワーク	ネットワーク構築の相違	海底ケーブルを自前で敷設（FASTER／HK-Gなど）[注6]。	各拠点間接続は、他社の専用線サービス、またはVPNで実現。EC2同士、EC2とS3間のネットワーク帯域幅を増大化。
ネットワーク	リージョン間の通信	Jupiterネットワークを自前で構築[注7]。	

注6　FASTERは、Googleを含むコンソーシアムが敷設した、太平洋を横断して日米間をつなぐ最新の海底ケーブルです。60TB/秒もの高速な帯域幅を実現し、三重県と千葉県の2箇所より国内ネットワークに接続し、高可用性を維持しています。HK-Gは、Hong Kong-Guam Cable systemの略名で、アジアの主要海底通信ハブを相互接続するコンソーシアムケーブルです。Havfrueは、Facebookが一部を所有するコンソーシアムケーブルで、米国からアイルランドを経由してデンマークまでを接続しています。Curieは、チリとロサンゼルス間をつなぐ私設ケーブルです。ほか、Unity／SJC／JGAといったケーブルシステムを地球規模で敷設しています。

注7　Jupiterネットワークはデータセンター間、リージョン間の高速な通信を可能にしています。Jupiterは多段構成によって広い帯域幅が確保され、その速度は1PB/秒を超過しています。インターネット全体の通信量が200TB/秒であることを考えれば、5倍近い性能を誇ります。
参考URL
GCP：https://aws.amazon.com/jp/about-aws/global-infrastructure/
AWS：https://cloud.google.com/compute/docs/regions-zones/regions-zones

8.2 AWS／GCPの違い

次にAWS／GCPの歴史から違いを見ていきます。AWSとGCPではパブリッククラウドを提供する動機（アプローチ）に違いがあります。これは歴史を少し紐解いて見る必要があります。

Googleが1998年に検索サービスを開始させて以来、Gmail、Googleドライブ、Googleマップ、Google Earth、YouTubeなどのクラウドサービスで培われた技術を世界中のユーザーにより活用してほしい目的で、「Google App Engine（GAE）」が2008年に登場しました。

- IaaSではなく、PaaSからスタートしたところがポイント
- ダウンタイムがないサービスを提供すること
- これを裏付けるGoogle独自インフラストラクチャと独自回線を採用していること

これは、https://www.google.co.jpが閲覧できないことはどのくらいあったのか？を思い出していただけば理解できるかもしれません。

2016年にGCP東京リージョンの開設以降、パブリッククラウドではAWSとAzureしか選択肢がなかったところに、GCPも名を連ねることになります。

AWSでは、https://www.amazon.co.jpで培われた技術を世界のユーザーにより活用してほしい目的で、2006年に「Amazon S3、Amazon EC2」が登場しました。

- 世界最大のEコマース（Amazon）を実現する技術の開放（パブリッククラウド）
- フィードバックを重視し、2018年の段階で約90種類のサービスを追加
- AWSがパブリッククラウドの道を作ったと言っても過言ではない

2011年にAWS東京リージョンの開設以降、日本の企業や多くのITエンジニアが使うようになり、日本語情報も豊富です。

つまり、GCPとAWSの違いを端的に表現すると、以下のように考えることができます。

- GCPはGoogleで培った強靭なインフラストラクチャを用いて、地球規模でサービス展開が可能で、ダウンタイムがないPaaS（GAE）を生み出し、今もパブリッククラウドを進化させ

ている。
- AWSはAmazonで培った技術と余剰したリソースを用いてIaaS（EC2）、オブジェクトストレージ（S3）を提供し、フィードバックを重視するパブリッククラウドを作り上げている。
- AWSの方がパブリッククラウドとしての歴史が長いため、日本語情報が豊富であり、GCPは2016年に東京リージョン開設以降、日本語情報は増加傾向である。

8.3 AWSからインスタンスの移行

AWSのIaaSサービスであるEC2で稼働しているインスタンスを、GCPのIaaSサービスであるGCEに移行（マイグレーション）します。

マイグレーションは、以下の3ステップです。

① GCPの管理コンソールでCredentialを設定
② EC2インスタンスにAgentをインストール（GCPへのイメージ転送が自動開始）
③ GCEインスタンスを選択してインスタンスを起動

これはGCPの「VM-Migration Service」というサービスを活用します。次項で解説します。

8.3.1 VM-Migration Serviceとは

オンプレマシンにあるHDD、クラウドマシン（AWS EC2を含む仮想インスタンス）のイメージをそのままGCEのイメージにコピーし、任意のマシンスペック上でインスタンスとして稼働させることができます。

このマイグレーションサービスは無料で使えます。ただし、移行先のGCEインスタンスを生成することにより、GCEの課金が発生します。

VM-Migration ServiceのGCP公式ドキュメントは以下です。

https://cloud.google.com/compute/docs/tutorials/migrating-vms-compute-engine

VM-Migration Serviceは、以下の「CloudEndure」という仕組みを採用しています。

① 移行元マシンにAgentをインストールすると、GCEインスタンスへの移行の意思があることが伝えられます。
② CloudEndure Management Serverは移行元マシンのデバイスイメージをコピーするために、CloudEndure Replication ServerをGCE上に立ち上げます。
③ CloudEndure Replication Serverへ移行元デバイスイメージの初期コピーが完了すると、CloudEndure Management Serverに通知され、GCEインスタンスとして立ち上げることができるようになります。

移行元マシンの対応OSは、LinuxまたはWindows Serverです。OSのディストリビューションやバージョンは、上述のGCP公式ドキュメントに記載しています。

8.3.2 GCPの管理コンソールでCredentialを設定

AWS EC2は以下のインスタンスが起動しているものとします。インスタンス名は任意です。

表8.3-1 想定のAWS EC2情報

No	項目	設定	補足
1	リージョン	アジアパシフィック 東京リージョン	
2	スペック	t2.micro vCPU 1、MEM 1 GiB	オンデマンドサービス
3	ストレージ	EBS（SSD 8GB）	デフォルト値
4	ネットワークアドレス	10.0.0.0/16	デフォルト値
5	グローバルIP	Elastic IP	固定グローバルIP
6	OS	Ubuntu Server 16.04 LTS	

それでは、GCP管理コンソールでAccount／Credentialの設定をします。

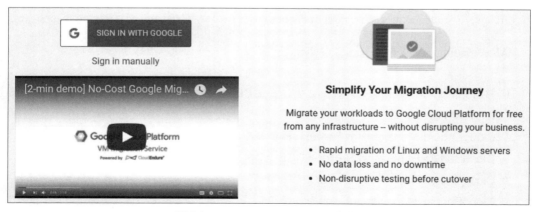

図8.3-1　VM-Migration Service画面

「Compute Engine」-「VMインスタンスメニュー」-「VMのインポート」の順番にクリックします。図8.3-1のとおり、サインイン画面が出てきますので、サインインします。

次に、VM-Migration Service画面の「GCP CREDENTIALS」が表示されますので、プロジェクトID（プロジェクト名ではありません）と秘密鍵を指定します。

秘密鍵は「IAMと管理」-「サービスアカウントキー」-「サービスアカウントを作成」で役割をオーナーとして、秘密鍵を「JSON形式」で取得します。サービスアカウント名は任意です。

図8.3-2　IAM秘密鍵（JSONファイル）取得画面

VM-Migration Service画面の「GCP CREDENTIALS」に戻り、プロジェクトIDと秘密鍵を入力して「SAVE」をクリックします。秘密鍵は、ダウンロードしたJSONファイルを選択するのが楽でしょう。

　マイグレーション先に「Google Asia Northeast（Tokyo）」を選択します。その他の項目はデフォルトのままとし、「SAVE REPLICATION SETTINGS」をクリックします。

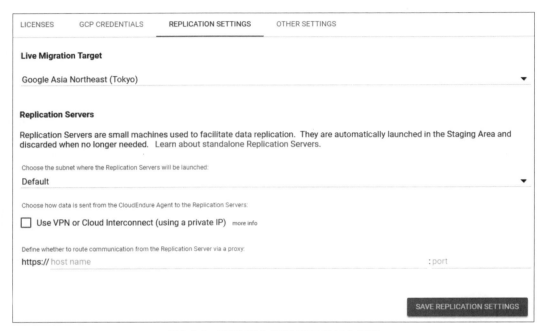

図8.3-3　REPLICATION SETTINGS 画面

　「How to Add Machines」画面が表示されます。これに従い、AgentをAWS EC2インスタンスへインストールします。今回は、Linux OSなので「For Linux machines」を参照します。

```
How To Add Machines

In order to add a machine to this Console, install the CloudEndure Agent on the machine (data replication begins automatically
upon Agent installation).

Your Agent installation token:

    12C2-DB52-████-████-████-████-████-████-████-████-████-████-████-C538-E69E

To generate a replacement token, go to Setup & Info > Other Settings

For Linux machines
Download the Installer:

    wget -O ./installer_linux.py https://gcp.cloudendure.com/installer_linux.py

Then run the Installer and follow the instructions:

    sudo python ./installer_linux.py -t 12C2-DB52-████-████-████-████-████-████-████-████-████-████-████-
    C538-E69E --no-prompt

For Windows machines
Download the Windows installer, then launch as follows:

    installer_win.exe -t 12C2-DB52-████-████-████-████-████-████-████-████-████-████-████-C538-E69E --no-
    prompt

Additional help and information
Click the help icon (?) at any time to access more detailed Installation Guides (including machine, OS and firewall requirements)
as well as our Workload Mobility best practices and guidelines.
```

図8.3-4　How to Add Machines画面

これでGCP側の準備はできました。

8.3.3　EC2インスタンスにAgentをインストール

　Agentをインストールするためのコマンドは、「Live Migration」のページに書いてあります。必要なファイルをwgetコマンドでダウンロードし、pythonで書かれているプログラム（Agent）をインストールします。

　なお、Ubuntu Server 16.04 LTSはpython 3のみが標準でインストールされており、VM-Migation Serviceはpython 2.7を必要とすることから、python 2.7もインストールします。python 2.7がインストールされているOSであれば、この作業は不要です。

```
# EC2へSSH接続（ユーザー名：ubuntu）
# Download
$ wget -O ./installer_linux.py https://gcp.cloudendure.com/installer_linux.py

# python 2.7をインストール

$ sudo apt-get install -y python2.7
# AgentのInstall
# python 2.7がインストールされている場合
# python 2.7ではなく、python ./installer … で大丈夫です

$ sudo python2.7 ./installer_linux.py -t 12C2-DB52-XXXX-XXXX-XXXX-XXXX-XXXX-XXXX-
XXXX-XXXX-XXXX-XXXX-XXXX-XXXX-C538-E69E --no-prompt

（中略）

Connecting to CloudEndure Console... Finished.
Identifying disks for replication.
Disk to replicate identified: /dev/xvda of size 8.0 GiB
All disks for replication were successfully identified.
Downloading CloudEndure Agent... Finished.
Installing CloudEndure Agent... Finished.
Adding the Source machine to CloudEndure Console... Finished.
Installation finished successfully.
```

　Agentのインストールが完了すると、GCPで各種設定やディスク生成／デバイスコピーが自動的に開始されます。この間に、移行元デバイス（AWS EC2）に変更があったとしても大丈夫です。変更を自動的に検知して同期コピーされます。

8.3.4 GCEインスタンスを選択してインスタンスを起動

　同期された内容でGCEインスタンスを立ち上げます。
　ただし、マイグレーション（AWSからGCPへのデータ移行）は即座に完了しません。図8.3-5のとおり「DATA RELICATION PROGRESS」が「Continuous Data Relication」になるまで待ちます。ディスクサイズにもよりますが、今回は8.0GBですので約3分で同期完了しました。
　「Ready」になりましたら、「MACHINE NAME」をクリックし、図8.3-5の右上にある「LAUNCH 1 TARGET MACHINES」をクリック後に「Cutover」を選択します。

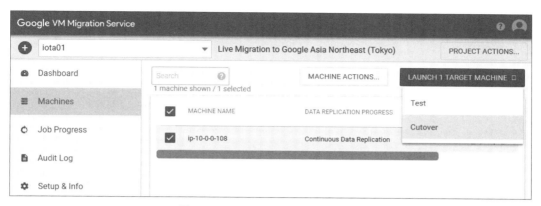

図8.3-5　VM-Migration Service画面

最新のスナップショットを元に、ディスク作成／インスタンス生成が実行されます。

図8.3-6　GCE画面

マイグレーションが正しく完了しているかどうか、GCEインスタンスにpingを通してみます。「gcloudコマンドを表示」をクリックして、Cloud Shellで操作してみましょう。

```
$ ping -c 5 35.194.127.231
PING 35.194.127.231 (35.194.127.231): 56 data bytes
64 bytes from 35.194.127.231: icmp_seq=0 ttl=75 time=37.225 ms
64 bytes from 35.194.127.231: icmp_seq=1 ttl=75 time=36.327 ms
64 bytes from 35.194.127.231: icmp_seq=2 ttl=75 time=36.231 ms
64 bytes from 35.194.127.231: icmp_seq=3 ttl=75 time=36.148 ms
64 bytes from 35.194.127.231: icmp_seq=4 ttl=75 time=36.132 ms
--- 35.194.127.231 ping statistics ---
5 packets transmitted, 5 packets received, 0% packet loss
```

問題なく、pingが通りました。もちろんSSH接続可能です。ただし「ブラウザウィンドウで開く」ことはできません。これは現時点でのGCPの仕様です。

✓ここがポイント

GCEのマシン名を指定したい場合、図8.3-7の画面で変更可能です。また、マシンタイプ、サブネット、グローバルIPアドレス、ディスク (Standard／SSD) を選択することができます。特にマシン名は運用時に可読性を高めるために、予め定義しておくとよいでしょう。

8.3 AWS からインスタンスの移行

図8.3-7　GCEマシン名の変更（VM-Migration Service画面）

8.4 Amazon S3からの引越し

　ここでは、S3のバケットをGoogle Cloud Storage（GCS）へ移行する方法を紹介します。

　GCSではAWSのS3からの移行を簡単に行えるツール（Transfer Service）を提供していますので、非常に簡単に大容量データの移行も可能になっています。

　GCPの管理コンソールのStorageから、「転送」を選択し、「転送を作成」ボタンから移行タスクを設定できます。

　今回は、ytominaga-s3bucketというバケットを、GCSのca-tominaga-testバケットへコピーします。図8.4-1では、対象のS3バケットと、AWSのアクセスキー、シークレットキーを指定しています。

図8.4-1　GCSの画面

続いて、図8.4-2のように、転送先のGCSバケットと実行時間を指定します。図からも分かるように、ファイルの上書き設定やバッチ実行など、便利なオプションが揃っています。

例えば、S3に書き出されたCloud WatchのログをGCSへ毎日転送して、Dataflow活用してBigQueryに保存しておくようなことも可能になります。

図8.4-2　GCSの転送画面

以上の設定をして「作成」をクリックすると、転送が開始されます。転送が完了すると、図8.4-3のように、S3のバケットが確認できます。

図8.4-3　S3からGCSへの転送結果

> **注意！**
>
> **AWS側の費用に注意**
> Transferサービスは大量データも簡単に移行できますが、S3のバケットからのアウトのネットワーク転送量の費用などが必要になりますので、大量なデータ（1Tバイト以上など）を移行するケースなどにおいては、転送量やAPIコールの回数などの試算をしてから実行すべきでしょう。

第9章

GCPのまとめと今後の展望

　8章まででGCPに関する基本的な部分をひととおり説明しました。
　ここまででGCPの簡単な使い方、基本的な機能の基礎知識、主だった機能の概要、機械学習などの先進的な取り組みの基本などが理解できたのではないでしょうか。
　本章では本書籍の著者代表でもある吉積の視点より、GCPのよい点・悪い点や今後の期待する展開などを整理してみます。すでに取り上げた内容と重複する箇所もあると思いますが、改めてGCPの特徴を押さえてみましょう。

9.1 GCPのよい点・悪い点

よい点その1：安い！

まず最初にこれを挙げるのは少し気が引けますが、何と言っても多数の人に一番インパクトを与えるのは価格ではないでしょうか。後発であるという理由もありますが、全般的に他クラウドに比べ低コストになるように、常に価格設定を行っているようです。

> **Column ▶ 1秒単位の課金に！**
>
> 2017年9月、価格戦略において象徴的な出来事が起こりました。9月19日、AWSがそれまで1時間単位の課金だったEC2の価格を、10月から1秒単位に変更すると発表がありました。その8日後に、1分単位だったGCPは「1秒単位の課金にした」と発表しました。そのため、AWSの方が発表は早かったのですが、GCPの方が早く1秒単位の課金になりました。このあたりは、Googleが他クラウドより不利な条件での提供をしないという意気込みとして筆者は捉えています。

よい点その2：安定性！

GCPは、安定性においても他クラウドよりも高い評価を得ています。Googleのサービス稼働率と同等のバックエンドのための機能や品質が担保されているため、非常に高い安定性を誇ります。LiveMigrationによる定期メンテナンスがないことも特徴です。

ちなみに、クラウドエース調べでは、2017年7月21日～2018年3月までの約8ヶ月の東京リージョンの稼働率はゾーンa、cが100％で、bのみ99.9999922％です。

次のURLにて「GCP東京リージョン稼働状況」として公開しています。

https://www.cloud-ace.jp/pages/tokyo-region-operationg-status/

よい点その3：セキュア

Googleはインターネットやオープンソースの業界の中で、セキュリティに関してはリーダー的立場を取っています。バグを見つけた場合の報奨金制度をいち早く取り入れたり、SSLの必須化を促すなど、ネット社会を健全（セキュア）に保つために多大な労力を割いている会社です。世界で最もサイバー攻撃を受け・跳ね返している会社と言ってもよいでしょう。

そのGoogleが管理しているサーバー環境ですので、セキュアであるのは言わずもがなです。多くの人に利用されている無償サービスであるがゆえに、一部の設定ミスでデータ漏洩事件のような形で世間に伝わってしまい、Googleがセキュアではないサービスを提供しているかのような誤解を抱く方が少なくありませんが、実態はまるで違います。Googleほどセキュリティに気を遣っている会社はないくらいです。他クラウドと比べても、セキュリティに関しては強固であると言えます。

セキュリティに関してもっと具体的に知りたい場合は、次のURLを参照してください。

https://cloud.google.com/security/?hl=ja

▌よい点その4：使いやすい！

Googleは元々エンジニアの会社です。エンジニア視点で製品を作ることには非常に長けており、エンジニアの気持ちを理解するのも得意領域です。ですので、エンジニア目線では非常に使いやすく分かりやすいコマンドラインツールが充実しています。また、G Suiteとの連携なども管理面で非常に便利です。他クラウドと比べてもアカウント管理、証明書の管理など、技術的に本質でない部分は徹底的に合理化して作られており、エンジニアにはおおむね好評と言われています。

▌よい点その5：機械学習に強い！

機械学習の分野では、Googleがかなり先行していると言われています。実際TensorFlowやTPUなど、機械学習と親和性のある部分に強みを持たせています。分散学習についてもスケーラビリティや高速ネットワークのお陰で、他社よりも素早くかつ安価に様々な試行ができるのが強みです。

以上、ざっとまとめとしていくつかよい点を挙げました。基本的な製品としての強み自体は、非常に大きいものだと思います。逆に筆者の考える悪い点、弱みを以下に挙げていきます。

▌悪い点その1：日本語の情報が少ない・遅い！

最近は随分改善されてきましたが、どうしても日本語の情報は少ないという点は否めないです。公式ドキュメントの日本語への翻訳も、やはり数週間は遅れる傾向があります。後発のため、先行しているクラウドと比べるともちろんユーザーの数にも差があるので、ブログなどの記事も少ないです。とは言え、Googleの公式ドキュメントは非常によくできていますので、ぜひそちらを見てトライしてください。

▌悪い点その２：商用ソフトウェアライセンスの対応が遅れている！

　商用ライセンスの中でも特にコア単位での課金として定義されているようなソフトウェアライセンス（Oracleに代表されるように）については、個別のクラウドごとにコアの取り扱いを定めているケースがありますが、これの整備が追いついてないことが多いです。また、GCP上での稼働実績がない場合は、商用サポートも二の足を踏むケースなどがあるかもしれません。これらはニーズとの両輪ですので徐々に追いついてくると思いますが、現状ではなかなか厳しいケースもあるかもしれません。

▌悪い点その３：個別の設定などの細かい点が足りてない！

　やはり、先行している各社と比べると、細かい点で設定できるところが少なかったり、柔軟性が足りなかったりするのも事実です。パワーと価格や速度など、基本的な部分の性能をまずは重視して進めているので、ここもやむを得ないところではありますが、「大は小を兼ねる」のような形で使っていくことは十分できると思いますので、適材適所で使いこなしていきましょう。

　正直なところ、悪い点はそうそう思い浮かばないので、このくらいです。もし何か気づいたら、筆者にも教えてください。

9.2 今後の展開

　GCPは、年間で大小合わせて数百程度は新リリースがされています。2017年は業界を変えるような機能であるSpannerなども新リリースされ、10以上のリージョンが新規オープンしています。小さな画面レベルでは、日々改善がなされています。今後GCPはどこに向かうのでしょうか。筆者の予測を期待を込めて記載してみます。

低価格化は堅実に継続される

　「オームの法則に従って値下げをする」と宣言したとおり、また競合との価格競争もあり、引き続き堅実に値下げは行われていくと思います。ただし、メインの差別化戦略としては、このポイントではないだろうと考えます。

マネージドサービスが増加する

　先進的なユーザーはすでに、自社の中でもコンテナ化などでIaaSのメンテナンスをコード化するなど、さらに仮想化が進んだ利用方法を進めてきています。この先はクラウドベンダーが提供するマネージドサービスのラインナップが増えてくることで、そちらへの移行が進むと思われます。具体的に、WAFなどのセキュリティソリューションやRedis、CassandraのようなNoSQLサービスなどのオープンソースのサービス系などがマネージド化され、利用されていくように思われます。すでにDataprocでHadoop／Sparkなどがマネージド化されています。

マルチクラウド対応が加速する

　今後はクラウドサービスも1社のみを利用するのではなく、複数のサービスを使い分けるのが主流になってくると思います。Kubernetesに各社が対応したのも影響しますが、各社のデータ保持基盤としてのオブジェクトストアにも相当の互換性が見込めます。オブジェクトストアサービスを経由して、各社連携しながら様々なサービスを利用する方法が一般的になっていくでしょう。それに合わせた便利な機能が、GCPを含め各社によって提供されていくと思います。

▌機械学習が成長を牽引する

　Speech APIを始めとする学習済みのモデルや、自分のデータで手軽に学習できるCloud Auto MLなどの利用が爆発的に伸び、TensorFlowやTPUを用いた高度な利用についてもGCPならではの利用が進むことになると思います。機械学習・データ処理の分野では、GCPの強みは顕著になっていくでしょう。

▌更なるリージョンオープンで世界中をカバー

　2019年は大阪にもリージョンがオープンされますが、今後も引き続き、堅実にリージョンはオープンしていくと思われます。現在はアフリカ大陸にはリージョンがありませんが、近い将来確実にオープンすることになると思います。2017年のエイプリルフールネタとして、火星にデータセンターをオープンしたという記事がありましたが、あながち夢物語ではないかもしれません。

Column ▶ これからGCPの勉強をする方へ

本書を手に取られた方は、少なくともGCPに興味を持っていることは間違いないとして、その先、本書で基礎知識を身に付けた後、どうすればよいかについて少し触れておきます。

○資格試験

GCPでは、Googleが認定する公式資格として以下の2つの資格があります。

- Professional Cloud Architect（クラウドアーキテクト）
- Professional Data Engineer（データエンジニア）

推定ですが、2018年9月時点では世界でクラウドアーキテクトは5千人程度、データエンジニアは3千人程度の保有者がいるようです。どちらもかなりの難易度ですが、もしエンジニアとしてしっかり技術を保持することを目指すのであれば、上記の2つのいずれかまたは両方を取得することを目指すとよいでしょう。

資格について詳しくは、次のURLを参照してください。

https://cloud.google.com/certification/

> **☑ ここがポイント**
>
> 2018年9月に、Associate Cloud Engineer（以下ACE）というエントリレベルの資格が日本でも登場しました。ACEについてはProfessionalのようにコンサルティングレベルの知識・ノウハウ（WhyやBestな構成の提案）ではなく、実現したいことに対してGCP上での実装（How）が分かればよいというレベルなので、しっかり勉強すれば合格できる資格となっています。

試験は、Java資格試験なども行っている試験専門の会場がいくつかあり、日本でも数箇所で受けることができます。もちろん日本語になっており、120分で50問の選択式で、パソコン上で受ける試験になっています。リテイク条件が厳しいので気をつけてください、誤って複数アカウントでリテイク条件を破ると、資格剥奪の可能性もあります。

○トレーニング

独学では難しいという方には、オンライン／オフラインの有償トレーニングもあります。次のURLから、オンデマンドのWeb上でのセルフトレーニングやオフラインでのトレーニングなども探せます。

　　https://cloud.google.com/training/

少し探しにくいですが頑張ってみてください。

手前味噌になってしまいますが、クラウドエースのGoogle公認有償トレーニングもあります。本書を執筆しているメンバーも登壇することがあります！

　　https://www.cloud-ace.jp/gcp-training/

また、独学でも、GCP各サービスのサイト内にはおおむね「quick start」というステップごとの手順が提示されているハンズオン形式の資料がありますので、そちらを参考にまずは触ってみるところから始めることは容易だと思います。

○参考Webサイトなど

■ cloud.google.com

当然ですが、Google公式のGCPのサイトです。基本的にあらゆるドキュメントが揃っていますので、まずはここから始めましょう。

■ apps-gcp.com

　　https://www.apps-gcp.com

GCPクラウドエースの技術ブログです。GCPに関する検証記事や解説を豊富に掲載していますので、ぜひ活用してください。

■ On Air

　　https://cloudplatformonline.com/onair-japan.html

GCPに関する解説の配信サイトです。過去分も見られますが、すべて非常に有用な内容になっています。これらをひととおり押さえるだけでも相当な知識になると思いますので、ぜひご覧ください。

動画で全部を見るのは大変な方は、上述のapps-gcpサイトにテキストの速報記事がありますので、そちらを見るのが手っ取り早いです。

■ Google公式ブログ

https://cloudplatform-jp.googleblog.com/

ほぼ日次で更新されています。最新の更新情報を得るにはもってこいなので、今後GCPに携わっていく方は、新着ポストの受け取りなどをしておくとよいでしょう。

■ GCPUG(ジーシーパグ)

https://gcpug.jp/

GCPのユーザーグループです。日本全国に支部があり、有志で集まって勉強会を開いたり、Slackでサービスについて議論したりしています。メールアドレスさえあれば誰でも参加できますので、ぜひ参加してみてください。

索引

A
ACL	102
add	43
allAuthenticatedUsers	47
allUsers	47
alpha	39
Ancestor	187
Apache Beam	228
APIs Explorer	276
APIとサービス	30
App Engine	33
app-engine-java	39
app-engine-python	39
AWS	5

B
beta	39
BigQuery	35, 120
Bigtable	33, 174
Blobstore	116
bq	39, 131

C
Cloud Build	35
Cloud Dataflow	228
Cloud Functions	33, 240
Cloud IAM	45
Cloud Launcher	236
Cloud Load Balancing	166
Cloud Machine Learning Engine	260
Cloud Pub/Sub	221
Cloud SQL	116, 139
Coldline	98
Composer	36
Compute Engine	33
Container Registry	35

core	38
create	43
Cron	117
CUIコマンドライブラリ	38

D
Dataflow	36
Datalab	253
Dataprep	36, 252
Dataproc	35, 232
Datastore	34, 116, 186
Debugger	34
delete	43
Deployment Manager	35, 214
describe	43
Docker	155

E
E.A.	37
Endpoints	35, 246

F
Filestore	34
FISMA Moderate	59

G
G Suite ドメイン	47
G.A.	37
GAE	5, 108
GAE SE	108
gcd-emulator	39
GCE	64
gcloud	38
gcloud コマンド	111
GCP	2
gcp ja night	62

GCPUG	62
GCS	96, 117
Genemics	36
Genomics	248
GKE	154
Google App Engine	108
Google Cloud SQL	139
Google Cloud Storage	96
Google Compute Engine	64
Googleアカウント	21, 46
Googleグループ	47
gsutil	39

H

help	42
HIPAA	60
HTTP監視設定	197

I

I/O Transforms	230
IAM	102
Instance	166
Instance Group	166
IoT Core	36, 249
IPアドレス	68
ISAE 3402 Type II	58
ISO 27001	59

J

Java	111

K

kubectl	39
Kubernetes Engine	33, 154

L

list	43
LiveMigration	65

M

Memcache	116
Memorystore	34
Metrics Type	207
ML Engine	36
MLEngine	260

Monitoring	34
Multi-Regional	98
MySQL	145

N

Natural Language	36
Nearline	98
Network Service Tiers	34

P

PaaS	5
PCI DSS v3.0	59
PCollection	229
Pipeline	229
Pod	154
PostgreSQL	151
PTransform	230
Pub/Sub	35
pubsub-emulator	39
PUE1.12	3

R

Regional	98
remove	43
Resouce Type	206
REST API	38, 131

S

SDKコマンド	40
SDKコマンドライン	38
SDKコンポーネント	38
Search API	116
SOC 2	58
SOC 3	58
Source Repositories	35
Spanner	34, 245
Speech API	293
SQL	34
SSAE16	58
SSD永続ディスク	71
Stackdrive	34, 191
Stackdriver Debugger	115
Stackdriver Logging	115
Stackdriver Trace	115
Stackdriverエージェント	195

Stackdriver ロギング 208
Storage 34

T
TAB 補完 41
Talent Solution 36
Task Queue 117
TensorFlow 259
Translate API 287
Translation 36

V
Video Intelligence API 301
Vision 36
Vision API 278
VM-Migration Service 321
VM インスタンス 67
VPC ネットワーク 34, 162

W
Web UI 131
Web 管理コンソール 38

あ
アクセス制御 102
アクセス制御リスト 102
アクティビティ 29
アラートメール 202
α 37

い
イメージ 67
インスタンスグループ 68
インスタンステンプレート 68
インデックス 188

え
エラーレポート 35
エンティティ 186

お
オーガニゼーション 18
オブジェクト 97
オンライン予測 273

か
カーボンニュートラル 66
開発環境 111
課金 53
課金アカウント 17
仮想マシン 64
カラム型データストア 121
管理コンソール 27

き
キー 186
機械学習 258

く
クエリ文字列認証 102
クラスタ 154
クローン 75

け
継続利用割引 54
結果整合性 188
言語選択 110

こ
コマンドオプション候補表示 41
コマンド補完 41
コマンドライン 38
コマンドラインツール 131
コンポーネント 33

さ
サービスアカウント 46
サブスクライバー 222

し
自動化 44
署名付き URL 102
署名付きポリシードキュメント 102

す
ストレージクラス 98
ストレージ量 53
スナップショット 68, 75
スパイク 5

344

せ
セキュリティ 58

そ
ゾーン 19

た
ターゲット補完 41
タグ 165
ダッシュボード 28

つ
強整合性 188
ツリーアーキテクチャ 121

て
ディスク 68
データ処理量 53
データ転送量 53
デフォルト設定 43

と
トラフィック料金 54
トレース 35

ね
ネットワークサービス 34
ネットワークセキュリティ 34

は
ハイブリッド接続 34
バケット 96
バックアップ 143
バックエンドサービス 68
バッチ予測 273
パブリッシャー 222

ひ
標準永続ディスク 71

ふ
フェイルオーバー 142
負荷分散 68
プロジェクト 17, 23, 96
プロファイラ 35

へ
β 37

ほ
ポリシー 48
ホワイトペーパー 58

む
無料トライアル 21

め
メンバー 46

や
役割 47

ゆ
ユーザー 17
ユーザー会 62

よ
用語・単語 43

り
リージョン 19
リソース確保・起動時間 53
料金試算 56
利用料計算ツール 55

れ
レプリケーション 142

ろ
ローカルSSD 71
ロギング 35

345

クラウドエース株式会社について

「世界中のクラウドを整理して使いやすくすること」

　それがクラウドエースのミッションであり、日々の業務となる。当社は2005年6月に創業した吉積情報株式会社から、2016年11月に分社化して誕生した。吉積情報創業当初から一貫してGoogle関連のビジネスに携わっており、現在では多くのお客様とパートナー企業様、そして優秀なメンバーとともに世界一のクラウドサービス企業を目指す。

　　https://www.cloud-ace.jp

執筆者紹介

吉積　礼敏　（よしづみ　あやとし）

　クラウドエース株式会社 取締役会長。東京大学工学部精密機械工学科99年卒。卒業後、アクセンチュアに新卒で入社し、主にインフラ領域を担当。同社にて大規模システム構築プロジェクトを歴任後、退職して吉積情報を創業。16年クラウドエースを分社創業し代表取締役に。Googleのクラウド・エンタープライズ領域のコンサルタントとして活躍し、現在は主に経営に専念しつつ講演・執筆などを行う。

　GoogleAppsのCertified Deployment Specialistの資格を日本人として（Google社内を除く）初めて取得。GCPにおける最初の資格である以下の5種の資格をすべて取得した（すでに当該資格制度は終了）。

- Google Compute Engine Qualified Developer
- Google Cloud Storage Qualified Developer
- Google App Engine Qualified Developer
- Google Cloud SQL Qualified Developer
- Google BigQuery Qualified Developer

また、GCP認定資格も取得している。

- Associate Cloud Engineer（ACE）
- Professional Cloud Architect（CA）
- Professional Data Engineer（DE）

GCPのユーザー会であるGCPUGも発起人として活動し全国行脚も実施。
現在の趣味は娘の世話。

執筆協力者紹介

クラウドエース株式会社　所属

高野　遼　(たかの　りょう)

取締役 CTO
資格：ACE、CA、DE、Cloud Developer
4章を担当

風間　徹　(かざま　とおる)

技術本部 システム開発部 シニアスペシャリスト
資格：米国PMI認定PMP
3章、4章、5章、8章を担当

塩瀬　悠樹　(しおせ　ゆうき)

技術本部 システム開発部 シニアスペシャリスト
資格：ACE、CA、DE、Cloud Developer
4章、5章を担当

阿部　正平　(あべ　しょうへい)

技術本部 システム開発部 マネージャー
資格：ACE、CA、DE
7章を担当

菊地　正太　(きくち　しょうた)

技術本部 システム開発部 ソリューションアーキテクト
資格：CA
3章を担当

関根　弘朗　（せきね　ひろあき）

　技術本部 システム開発部

　資格：ACE、CA、DE

　2章を担当

本　雄太朗　（もと　ゆうたろう）

　技術本部 システム開発部

　資格：ACE、CA、DE

　7章を担当

富永 裕貴　（とみなが　ゆうき）

　技術本部 システム開発部

　資格：CA、DE、CD、Authorized Trainer

　6章、8章を担当

吉積情報株式会社　所属

森田　嶺　（もりた　れい）

　取締役

　資格：ACE、CA

　2章、3章、4章を担当

GCPの教科書

© クラウドエース株式会社　吉積 礼敏・他　2019

2019年 4月 29日	第1版 第1刷発行
2019年 6月 28日	第1版 第2刷発行
2020年 9月 1日	第1版 第3刷発行
2021年 6月 4日	第1版 第4刷発行
2022年 2月 17日	第1版 第5刷発行
2023年 12月 26日	第1版 第6刷発行

著　　者　　クラウドエース株式会社
　　　　　　吉積 礼敏・他
発行人　　　新関 卓哉
企画担当　　蒲生 達佳
編集担当　　翅 力・十河 和子
発行所　　　株式会社リックテレコム
　　　　　　〒113-0034 東京都文京区湯島 3-7-7
　　　　　　振替　　00160-0-133646
　　　　　　電話　　03(3834)8380(代表)
　　　　　　URL　　https://www.ric.co.jp/

装　　丁　　長久雅行
編集協力・組版　株式会社トップスタジオ
印刷・製本　シナノ印刷株式会社

本書の全部または一部について、無断で複写・複製・転載・電子ファイル化等を行うことは著作権法の定める例外を除き禁じられています。

●訂正等

本書の記載内容には万全を期しておりますが、万一誤りや情報内容の変更が生じた場合には、当社ホームページの正誤表サイトに掲載しますので、下記よりご確認ください。

＊正誤表サイトURL
https://www.ric.co.jp/book/errata-list/1

●本書の内容に関するお問い合わせ

FAXまたは下記のWebサイトにて受け付けます。回答に万全を期すため、電話でのご質問にはお答えできませんのでご了承ください。

・FAX：03-3834-8043
・読者お問い合わせサイト：https://www.ric.co.jp/book/ のページから「書籍内容についてのお問い合わせ」をクリックしてください。

製本には細心の注意を払っておりますが、万一、乱丁・落丁（ページの乱れや抜け）がございましたら、当該書籍をお送りください。送料当社負担にてお取り替え致します。

ISBN978-4-86594-195-1　　　　　　　　　　　　　　　　Printed in Japan